# 江西省红壤耕地绿色高效模式技术汇编

肖国滨　叶　川　郑　伟　主编

中国农业出版社
北　京

**图书在版编目（CIP）数据**

江西省红壤耕地绿色高效模式技术汇编/肖国滨，叶川，郑伟主编．—北京：中国农业出版社，2019.4
ISBN 978-7-109-25378-0

Ⅰ.①江… Ⅱ.①肖… ②叶… ③郑… Ⅲ.①红壤—土壤耕作—耕作方法—江西 Ⅳ.①S343.9

中国版本图书馆CIP数据核字（2019）第055876号

中国农业出版社出版
（北京市朝阳区麦子店街18号楼）
（邮政编码 100125）
责任编辑 郑 君
文字编辑 史佳丽

---

北京通州皇家印刷厂印刷 新华书店北京发行所发行
2019年4月第1版 2019年4月北京第1次印刷

---

开本：787mm×1092mm 1/32 印张：3.25
字数：65千字
定价：39.00元

# 本书编写人员名单


主　编　肖国滨　叶　川　郑　伟

副主编　肖小军　李亚贞　黄天宝　吕伟生

编　者（按姓名拼音排序）

曹九龙　陈何良　陈　明　戴熙燕

邓达孙　邓伟明　龚建明　胡文亭

黄天宝　江新凤　赖诗盛　李　胜

李亚贞　刘安华　刘光辉　刘建军

刘开基　刘小三　吕伟生　彭炼波

谭启华　田子明　王瑞平　吴　艳

肖富良　肖国滨　肖小军　叶　川

叶德萍　应国勇　余跑兰　曾敏清

张绍文　郑　伟　周　捷　周沅宗

朱智亮

# 前　言

红壤是人类赖以生存的重要土地资源，主要分布在亚洲、非洲及拉丁美洲等热带和亚热带地区，总面积约6 400万$km^2$，占全球土地总面积的45.2%。我国是主要的红壤分布国家之一，红壤耕地面积约占全国总耕地面积的28%，红壤地区人口约占全国人口的40%。因此，红壤是我国南方发展农牧果业的主要土壤资源。

江西地处我国长江中下游南岸，全省土地总面积16.7万$km^2$，其中近70%土壤类型为红壤，并处于我国红壤中心地质带区。该区域气候温和，年平均气温18℃；雨量充沛，年平均降水量1 638mm；水资源丰富，总量达1 416亿$m^3$。江西气候特征独特，适宜水稻、油菜等各种作物生长，是我国重要的粮油生产区。而且，当前随着品种改良和栽培技术的进步，粮油生产水平得到提高，江西发展粮油的生产条件、生态环境和技术水平将更加可行。

民以食为天，粮油安全是国家安全的头等大事。随着我国经济的飞速发展和农村劳动力的大量转移，机械化、轻简化、清洁化生产已成为我国粮油生产技术的发展方向，其实施将有利于促进农作技术转型，促进规模化生产和社会化服务，提高生产效益，稳定种植面积，保障粮油安全。新形势下，确保粮油安全需要政策支持的同时，更重要的是需要发展适应现有社会经济条件的绿色高效生产技术模式。习近平总书记反复强调，绿水青山就是金山银山，要把增加绿色优质农产品供给放在突出位置，推动质量兴农。近年来，江西全省上下认真贯彻落实习近平总书记视察江西时的重要指示，以“效益粮油、绿色粮油、品牌粮油”为目标，大力实施“藏粮于技”战略，坚决走质量兴农、跨越式发展之路，因地制宜推进粮油绿色高效模式技术已成主旋律。

本书围绕绿色高效这一主题，主要由江西省红壤研究所耕栽育种团队人员及推广单位相关人员共同编写。书中的模式技术是在国家油菜产业技术体系（CARS－12）、农业部公益性行业科研专项：江西稻田用养型三熟制构建与同步培肥技术研究与示范（201503123－07）、江西省重大科技支撑计划项目：江西双季稻田谷林套播油菜丰产技术研究（20143ACF60009）等项目的支撑下，经多年试验研究，并经大面积示范生产实践而创新集成的。本书突出实用技术，以水稻和油菜为重点，涵盖了芝麻、花生、甘薯、马铃薯、鲜食玉米等多种作物的不同模式下栽培关键技术，可直接在江西红壤区域应用指导农业生产，既可作为新型职业农民培育学习参考书，也可供基层农技人员学习参考。

当前，在全国上下实施乡村振兴战略热潮中，《江西省红壤耕地绿色高效模式技术汇编》一书的出版，对进一步推动江西农业高质量跨越式发展，切实巩固粮油主产区地位，以及促进美丽中国江西样板和秀美乡村建设，均具有重要的现实意义。本书编撰过程中，得到了相关农业部门、农业专家、农技人员及新型经营主体（农民）的支持和帮助，在此表示衷心感谢。

由于时间和编者水平有限，模式技术总结还不够全面，书中难免有不足和疏漏之处，敬请广大读者批评指正。

编　者

2018年11月16日

# 目　　录

# 二季晚稻套播油菜轻简化栽培技术规程

## 1 范围

本标准规定了二季晚稻套播油菜轻简化栽培技术，包括品种选择、播前准备、套播时间、套播方式、施肥、田间管理、收获等。

本标准适用于江西油—稻—稻三熟制油菜生产区。

## 2 规范性引用文件

GB/T 3543.4 农作物种子检验规程 发芽试验

GB/T 8321.8 农药合理使用准则（八）

NY 414 低芥酸低硫苷油菜种子

NY/T 846 油菜产地环境技术条件

《农业部对 7 种农药采取进一步禁限用管理措施》（农业部公告第 2032 号）

# 3 术语和定义

下列术语适用于本文件。

## 3.1 “双低”油菜品种

“双低”油菜品种指种子芥酸含量低于1%、硫苷含量低于30μmol/g的油菜品种。

## 3.2 二季晚稻套播

二季晚稻套播是指二季晚稻收获前在稻田直接撒播油菜种子的一种栽培方式。

## 3.3 轻简化栽培

轻简化栽培是指减轻劳动强度、简化操作工序的栽培方式。

## 3.4 分段收获

在油菜黄熟期，将油菜割倒，铺放田间，待后熟干燥后，进行脱粒、清选。

# 4 油菜地选择

## 4.1 基本条件

田块土壤肥力水平中等及以上，保水、保肥，地势平整，排灌方便，地下水位较低。

### 4.2 产地环境

产地环境要求符合 NY/T 846 标准。

## 5 品种选择

选用符合《中华人民共和国种子法》规定的丰产、优质、多抗，在 5 月 1 日前成熟的“双低”油菜品种，品质符合 NY 414 标准要求，种子质量符合 GB/T 3543.4 标准要求。二季晚稻选用在 10 月 25 日前成熟的品种。

## 6 播前准备

### 6.1 适时排灌

根据二季晚稻成熟进程适时排灌，一般在水稻收割前 10～12d 排水。若遇干旱天气，土壤缺水，应在播种前 2～3d 灌一次“跑马水”。

### 6.2 种子准备

每 666.7$m^2$ 适宜播种量为 400g 左右。播种前晒种 1～2h，提高种子活性。

### 6.3 肥料准备

每 666.7$m^2$ 施氮（N）10～12kg、磷（$P_2O_5$）4～

5kg、钾（$K_2O$）5～6kg、硼砂（硼含量15%）1kg。

### 6.4 留茬高度

二季晚稻留茬高度以25～35cm为宜。

## 7 播种

在二季晚稻收获前5～10d，按目标播种量，种子与干细沙或细土混匀后，再与每666.7$m^2$含复合肥27～33kg（氮、磷、钾各含15%）、尿素7～8kg、硼砂1kg的基肥拌匀撒播。

## 8 田间管理

### 8.1 机械开沟

二季晚稻收获后，及时用开沟机开好厢沟、围沟、腰沟。大厢厢宽4～5m，厢沟、围沟、腰沟沟深15～20cm，沟宽20～30cm，做到沟沟相通。

### 8.2 查苗补缺

出现缺苗断垄现象，在油菜3～5叶期，查苗补苗、移密补稀。

### 8.3 追肥

在越冬期即翌年元旦前后每666.7$m^2$追施尿素6～

7kg 和氯化钾 2～3kg。

### 8.4 病虫草害防治

防治病虫草害施用的药剂符合 GB/T 8321.8 标准和农业部公告第 2032 号相关规定。

#### 8.4.1 草害防治

在油菜 3～5 叶期，对于以禾本科杂草为主或以阔叶杂草为主或两种草害均较重的田块，分别选用相应除草剂进行防治。

#### 8.4.2 虫害防治

在油菜苗期和抽薹开花期，注意防治蚜虫、菜青虫。

#### 8.4.3 菌核病防治

在油菜初花期和盛花期，各喷施 1 次药剂预防菌核病发生。

### 8.5 清沟排渍

油菜抽薹前及时清沟排渍，保持“三沟”（厢沟、围沟、腰沟）畅通，做到明水能排，暗水能滤。

## 9 适时收获

油菜全田 2/3 角果呈黄色、种皮呈黑褐色时，及时机收脱粒。

# 再生稻套播油菜栽培技术规程

## 1 范围

本标准规定了再生稻套播油菜栽培技术，包括田块选择、品种选择、播前准备、播种与基肥、开沟与清沟、大田管理、适时收获、田间档案记载等。

本标准适用于江西再生稻—油菜生产区。

## 2 规范性引用文件

GB/T 3543.4　农作物种子检验规程　发芽试验

GB/T 8321.8　农药合理使用准则（八）

NY 414　低芥酸低硫苷油菜种子

NY/T 846　油菜产地环境技术条件

《农业部对 7 种农药采取进一步禁限用管理措施》（农业部公告第 2032 号）

## 3 术语和定义

下列术语适用于本文件。

### 3.1 再生稻套播油菜

再生稻套播油菜是指在前茬再生稻收获前5～10d播种油菜的一种栽培方式。

## 4 田块选择

### 4.1 产地环境

产地环境要求符合NY/T 846标准。

### 4.2 田块选择

田块土壤肥力水平中等及以上，保水、保肥，地势平整，排灌方便，地下水位低。

## 5 品种选择

选用5月1日前成熟的“双低”油菜品种，品质应符合NY 414标准要求，种子质量应符合GB/T 3543.4标准要求。再生稻选用10月25日前成熟的品种。

## 6 播前准备

### 6.1 大田准备

#### 6.1.1 杂草防除

再生稻前茬（中稻）收获后14d，使用茎叶除草剂防除田间杂草。对于以禾本科杂草为主或以阔叶杂草为主或两种草害均较重的田块，分别选用相应除草剂进行防治。药剂符合 GB/T 8321.8 标准和农业部公告第 2032 号相关规定。用药前田间应排水，使杂草 2/3 以上露出水面，用药后 1d 灌浅水（淹没杂草心叶即可），并保持水位3～5d。

**6.1.2　适时排灌**

油菜播种前 2～3d 排干全田水。遇干旱天气，土壤表面开裂发白，应在播种前 2～3d 灌一次“跑马水”。当全田有水时迅速排水，田中无积水且人立不陷脚后播种，有利于提高油菜出苗率。

**6.1.3　留茬高度**

再生稻机械收割时，留茬高度 20～25cm。

## 6.2　种子准备

每 666.7$m^2$ 播种量为 0.3～0.4kg。播种前晒种 1～2h，提高种子活性。

## 6.3　肥料准备

每 666.7$m^2$ 施氮（N）12～14kg、磷（$P_2O_5$）5～6kg、钾（$K_2O$）6～7kg、硼砂 1.0～1.5kg。其中，氮肥 70％基施，30％作腊肥；磷肥全部基施；钾肥 80％基施，20％作苗肥；硼肥全部基施。

# 7 播种与基肥

## 7.1 播种

种子与干细沙或细土混匀后，均匀撒播。

## 7.2 基肥

结合播种按每 666.7m² 撒施三元复合肥（氮、磷、钾各含 15%）33～40kg、尿素 8～10kg、硼砂 1.0～1.5kg。

# 8 开沟与清沟

## 8.1 开沟

再生稻收获后，用开沟机开好厢沟、围沟、腰沟。大厢厢宽 4～5m，厢沟、围沟、腰沟沟深 15～20cm，沟宽 20～30cm，做到沟沟相通。

## 8.2 清沟

油菜抽薹前及时清沟排渍，保持“三沟”（厢沟、围沟、腰沟）畅通，做到明水能排，暗水能滤。

# 9 大田管理

## 9.1 查苗补缺

出现缺苗断垄现象，在油菜 3～5 叶期，查苗补苗、移密补稀。

### 9.2 追肥

根据土壤肥力、基肥用量和苗情长势，在越冬期即翌年元旦前后每 666.7m$^2$ 追施尿素 7～8kg 和氯化钾 3～4kg。

### 9.3 病虫草害防治

防治病虫草害施用的药剂符合 GB/T 8321.8 标准和农业部公告第 2032 号相关规定。

#### 9.3.1 草害防治

以禾本科杂草为主的田块，在油菜 3～5 叶期选用除草剂进行防治 1 次；以阔叶杂草为主或禾本科和阔叶杂草均较多的田块，在油菜 5 叶期以后选用除草剂进行防治 1 次。

#### 9.3.2 虫害防治

在油菜苗期和抽薹开花期，注意防治蚜虫、菜青虫、猿叶虫等。

#### 9.3.3 菌核病防治

油菜初花期选用药剂预防菌核病，遇持续性阴雨天气可在盛花期再喷 1 次加强防效。

## 10 适时收获

为使油菜角果成熟度达到一致，实现套播油菜一次性机械化收获，在油菜正常成熟前 6～8d 每 666.7 $m^2$ 使用 40％乙烯利 200～300mL 兑水 50～60kg 均匀喷雾在角果上，可提前油菜熟期 1～2d。

油菜全田 2/3 角果呈黄色、种皮呈黑褐色时，及时机收脱粒。

# 11 田间档案记载

## 11.1 投入品生产质量安全跟踪档案

在使用农药、肥料、除草剂等投入品时，对投入品的种类、名称、来源、使用数量、使用时间等，需做好简明记载。

## 11.2 生产操作档案

详细记载生产过程中的各项农事操作，如播种、开沟、施肥、病虫害防治等。

# 油稻稻周年丰产栽培技术规程

## 1　范围

本标准规定了油菜—早稻—晚稻周年丰产栽培技术，包括油稻稻周年丰产关键技术、二季晚稻套播油菜轻简化栽培技术、早稻抛秧栽培技术、晚稻抛秧栽培技术、田间档案记载等。

本标准适用于江西油菜—早稻—晚稻三熟制生产区。

## 2　规范性引用文件

GB 1354　大米

GB/T 3543.4　农作物种子检验规程　发芽试验

NY/T 1607　水稻抛秧技术规程

NY 414　低芥酸低硫苷油菜种子

NY 846　油菜产地环境技术条件

NY/T 847　水稻产地环境技术条件

DB 36/T 846　二季晚稻套播油菜轻简化栽培技术规程

# 3 术语和定义

下列术语适用于本文件。

## 3.1 周年丰产

周年丰产栽培是指油稻稻周年三季作物获得丰产的一种种植制度，实现每 666.7m$^2$ 油菜籽产量不低于 100kg，稻谷产量不低于 1 000kg，其中早稻产量不低于 450kg，晚稻产量不低于 550kg。

## 3.2 二季晚稻套播油菜

二季晚稻套播油菜指二季晚稻收获前在稻田直接撒播油菜种子的一种种植方式。

# 4 油稻稻周年丰产关键技术

## 4.1 田块选择

产地环境应符合 NY 846 标准和 NY/T 847 标准的要求。田块土壤肥力水平中等及以上，保水、保肥，地势平整，排灌方便，地下水位较低。

## 4.2 栽培方式选择

油菜采用二季晚稻套播油菜栽培方式，早稻、晚稻采用抛秧栽培方式。

### 4.3 茬口衔接时间

油菜在10月20~25日套播，翌年5月1日前后收获；早稻在4月5日前后播种，5月3日前后抛秧入大田，7月22日前后收获，生育期107d左右；晚稻6月29日前后播种，7月24日前后抛秧入大田，10月30日前收获，生育期115d左右。

### 4.4 品种选择

选择种子质量除应符合GB/T 3543.4标准要求外，油菜品种还应符合NY 414标准要求（在5月1日前后成熟的“双低”油菜品种），水稻品种还应符合GB 1354标准要求（早稻品种要求在7月22日前后成熟，晚稻品种在10月30日前成熟）。

### 4.5 周年施肥

一般中上肥力田块，在秸秆还田的基础上，每666.7$m^2$施氮（N）29kg、磷（$P_2O_5$）13.5kg、钾（$K_2O$）24kg。其中，油菜、早稻、晚稻每666.7$m^2$分别施氮（N）11kg、8kg、10kg左右，磷（$P_2O_5$）4.5kg、4.5kg、4.5kg左右，钾（$K_2O$）6kg、8kg、10kg左右。高肥力和低肥力田块在此基础上适当减增用量。

## 5 二季晚稻套播油菜轻简化栽培技术

按照DB 36/T 846标准，但应注意以下4点。

### 5.1 品种选择

选择在5月1日前成熟的优质丰产早熟油菜品种。

### 5.2 科学施肥

播种按每666.7m$^2$复合肥（氮、磷、钾各含15%）30kg左右、尿素7.5kg左右、硼砂1kg拌匀撒播。在越冬期即翌年元旦前后每666.7m$^2$追施尿素6.5kg左右和氯化钾2.5kg左右。

### 5.3 开沟

二季晚稻收获后，及时开沟，提倡机械开沟抛土。厢宽2.0～2.5m，厢沟、围沟、腰沟沟深15～20cm，沟宽20～30cm，做到沟沟相通。

### 5.4 适时收获

油菜全田2/3角果呈黄色、种皮呈黑褐色时，或使用催熟剂，及时机收脱粒。

## 6 早稻抛秧栽培技术

按照NY/T 1607标准，但应注意以下4点。

### 6.1 播种时间

在4月5日前后播种，具体时间根据前茬油菜收获情况秧龄控制在 28d 以内。

## 6.2 大田准备

油菜收割后，及时利用大马力拖拉机翻埋前茬油菜秸秆，施基肥后旋耕平地，要求田面较平整、表层松软。

## 6.3 抛秧时间

在 5 月 3 日前后抛秧，秧龄控制在 28d 以内。抛秧时要掌握好泥浆的软硬程度，做到基本无水再抛秧，尽量抛高，以加大植秧深度。水太深不宜抛秧，防止漂秧。先抛秧苗总量的 2/3，再将余下的 1/3 秧苗抛到苗稀的地方。抛秧后按同一方向每隔 2～3 m 拣出一条 30 cm 步道，并将秧苗补稀疏密。

## 6.4 科学施肥

每 666.7$m^2$ 施肥总量：氮（N）8kg（即尿素 17.4kg），钾（$K_2O$）8kg（即氯化钾 13.3kg），磷（$P_2O_5$）4.5kg（即钙镁磷肥 37.5kg）左右。氮肥按基肥：分蘖肥：穗肥＝6：2：2 施用，钾肥按基肥：分蘖肥：穗肥＝5：0：5 施用，磷肥作基肥一次性施用。

基肥在翻耕整地时足量施用。

分蘖肥遵循一看苗情、二看地力、三要早施、四要适量的原则，在秧苗返青后（抛秧后 7～10d）结合除草剂施用。

晒田复水后（抽穗前 15～20d），穗肥根据群体大小、叶色、长势、长相等情况综合考虑及时施用。提倡施用适量的微量元素肥料，可在分蘖期与尿素混合后追施。

# 7 晚稻抛秧栽培技术

按照 NY/T 1607 标准，但应注意以下 5 点。

## 7.1 播种时间

在 6 月 29 日前后播种，具体时间根据前茬早稻收获情况秧龄控制在 25d 以内。

## 7.2 大田准备

早稻收割后，及时利用大马力拖拉机翻埋前茬水稻秸秆，施基肥后旋耕平地，要求田面较平整、表层松软。

## 7.3 抛秧时间

在 7 月 24 日前后抛秧，秧龄控制在 25d 以内。抛秧要求和方法与早稻一致。

## 7.4 科学施肥

每 666.7$m^2$ 施肥总量：氮（N）10kg（即尿素 21.7kg），钾（$K_2O$）10kg（即氯化钾 16.7kg），磷（$P_2O_5$）4.5kg（即钙镁磷肥 37.5kg）左右。氮肥按基肥∶分蘖肥∶穗肥＝6∶2∶2 施用，钾肥按基肥∶分蘖肥∶穗肥＝5∶0∶5 施用，磷肥作基肥一次性施用。施肥方法参照早稻。

### 7.5 适时收获

黄熟稻谷达到95%时，要及时机收。做到雨后叶片未干不收获，叶面有露水不收获，以减少机收损失，稻谷扬净晾晒干（含水量＜13.5%）储藏。收割时留茬高度25～35cm，同时将水稻秸秆粉碎还田，以便促进后茬套播油菜生长。

## 8 田间档案记载

### 8.1 投入品生产质量安全跟踪档案

在使用农药、肥料、除草剂等投入品时，对投入品的种类、名称、来源、使用数量、使用时间等，需做好简明记载。

### 8.2 生产操作档案

详细记载生产过程中的各项农事操作，如播种、开沟、施肥、病虫害防治等。

# 中稻蓄留再生稻接茬油菜栽培技术规程

## 1 范围

本标准规定了中稻蓄留再生稻接茬油菜栽培技术，包括油菜—中稻—再生稻定义、周年粮油丰产、田块选择、品种选择、种植方式选择、茬口衔接时间、周年施肥、播前（抛秧前）准备、播种（抛秧）时间、田间管理、收获等。

本标准适用于江西油菜—中稻—再生稻三熟制粮油生产区。

## 2 规范性引用文件

GB 1354　大米

GB/T 3543.4　农作物种子检验规程　发芽试验

GB/T 8321.8　农药合理使用准则（八）

NY 414　低芥酸低硫苷油菜种子

NY 846　油菜产地环境技术条件

NY/T 847　水稻产地环境技术条件

《农业部对 7 种农药采取进一步禁限用管理措施》（农业部公告第 2032 号）

# 3 术语和定义

下列术语适用于本文件。

## 3.1 中稻蓄留再生稻接茬油菜

中稻蓄留再生稻接茬油菜是指冬茬油菜接茬中稻收割后，利用稻桩重新发苗、长穗，又收一季再生稻，能够在同一田块实现两种三收循环的一种轮作模式，即油菜—中稻—再生稻。

## 3.2 周年产量

本标准规定在同一周年里每 666.7$m^2$ 油菜籽产量不低于 100kg，稻谷产量不低于 800 kg，其中中稻产量不低于 600kg，再生稻产量不低于 200kg。

## 3.3 “双低”油菜品种

“双低”油菜品种指种子芥酸含量低于 1%、硫苷含量低于 30$\mu$mol/g 的油菜品种。

## 3.4 机收

机收是指油菜和水稻采用农业机械收取成熟的油菜籽和稻谷。

# 4 中稻蓄留再生稻接茬油菜模式的关键技术

## 4.1 田块选择

田块选择是指选择土、肥、水、气适宜油菜—中稻—再生稻周年粮油丰产的田块。田块土壤肥力水平中等及以上，保水、保肥，地势平整，排灌方便，地下水位较低。产地环境应符合 NY 846 标准和 NY/T 847 标准的要求。

## 4.2 品种选择

品种选择是指选择产量、生育期（熟期）、品质及抗性适宜油稻稻周年粮油丰产的油菜、中稻品种。本标准作物品种除宜选择符合《中华人民共和国种子法》规定的丰产、优质、多抗，种子质量应符合 GB/T 3543.4 标准要求外，油菜品种还应符合 NY 414 标准要求（5 月 10 日前成熟的“双低”油菜品种），水稻品种还应符合 GB 1354 标准要求（中稻品种要求在 8 月 25 日前成熟，再生稻品种在 10 月 30 日前成熟）。

## 4.3 种植方式选择

种植方式选择是指选择适宜油稻稻周年粮油丰产的油菜、中稻栽培方式。本标准规定冬季油菜采用免耕撒播机械开沟的栽培方式，中稻采用抛秧栽培方式。

### 4.4 茬口衔接时间

科学安排好油稻稻周年粮油丰产油菜、中稻和再生稻三熟制可循环作物之间的衔接期。本标准规定冬油菜在 10 月 25 日至 11 月 5 日播种，翌年 5 月 10 日前收获；中稻在 4 月 20 日左右播种，5 月 15 日左右抛秧入大田，8 月 25 日前收获；再生稻在 10 月 30 日前收获。

## 5 中稻蓄留再生稻接茬油菜模式下油菜栽培技术

### 5.1 播前准备

#### 5.1.1 接茬稻田适时排灌

根据再生稻成熟进程适时排灌，一般在水稻收割前 10～12d 排水。

#### 5.1.2 种子准备

每 666.7m² 播种量宜为 250～300g。播种前晒种 1～2h，提高种子活性。

### 5.2 播种时间和播种方式

在再生稻收获后按目标播种量，种子与干细沙或细土混匀后免耕撒播，每 666.7m² 三元复合肥（氮、磷、钾各含 15%）30kg、尿素 10kg、硼砂 1kg 拌匀作基肥撒施于田间。

## 5.3 田间管理

### 5.3.1 机械开沟

免耕撒播油菜种子后，及时用开沟机开好厢沟、围沟、腰沟，开沟的碎土均匀抛撒到厢面。厢宽 1.0～1.5m，厢沟、围沟、腰沟沟深 15～20cm，沟宽 20～30cm，做到沟沟相通。

### 5.3.2 查苗补缺

在油菜 3～5 叶期，查苗补苗、移密补稀。

### 5.3.3 追肥

在越冬期即翌年元旦前后，每 666.7$m^2$ 追施尿素 5kg。

### 5.3.4 病虫害防治

在油菜苗期和抽薹开花期，注意防治蚜虫、菜青虫。在油菜初花期和盛花期，各喷施 1 次药剂预防菌核病发生。凡药剂使用应符合 GB/T 8321.8 标准和农业部公告第 2032 号相关规定。

### 5.3.5 草害防治

在油菜 3～5 叶期，对于以禾本科杂草为主或以阔叶杂草为主或两种草害均较重的田块，分别选用相应除草剂进行防治。

### 5.3.6 清沟排渍

油菜抽薹前及时清沟排渍，保持“三沟”（厢沟、围沟、腰沟）畅通，做到明水能排，暗水能滤。

### 5.4 适时催熟收获

生产上以油菜自然成熟前6～8d，油菜全田2/3角果呈黄色、种皮呈黑褐色时，喷施油菜专用催熟剂，可使油菜提前成熟，喷后5～7d采用具有粉碎秸秆装置的机械一次性机收。

## 6 冬油菜茬后中稻抛秧栽培技术

### 6.1 抛秧前准备

#### 6.1.1 培育壮苗

6.1.1.1 秧田选择与平整

选择地势平坦、灌溉方便、运秧便捷、土壤肥沃的稻田，按秧田与大田比1∶12左右留足秧田。秧田在翻耕前15d每666.7m² 施45％三元复合肥（氮、磷、钾各含15％）30kg作基肥，带水翻耕耙平。

6.1.1.2 做畦

播前做畦，畦宽1.4m，沟宽50cm（沟泥育秧），沟深15cm，四周开围沟，深20cm。铲高补低，做到板面沉实有硬度、平整无高低、无残茬杂物。

6.1.1.3 软盘预备

采用353孔塑料软盘育秧，塑料软盘规格为60cm×33cm，每666.7m² 大田准备80个左右。厢面每排平行摆放2个软盘，将盘孔压入泥中，软盘正面与厢面平齐，软盘与软盘之间不留缝隙。用沟中糊泥将盘孔装满，等糊泥沉实后播种。

6.1.1.4 浸种催芽

浸种前选择晴好天气晒种1～2d，清水选种，精选后的种子用25%咪鲜胺2 000～3 000倍药液浸种12h，洗净晾干后再浸种24h，催芽露白即可播种。

6.1.1.5 播种

定量匀播。以苗定种，杂交稻每666.7$m^2$大田用种2kg。播种时用木板等挡在秧盘边上，先播2/3种子，再将1/3种子来回补缺，尽量不要漏播。播种后，用竹扫帚将秧盘面上的泥土清除干净，以防串根。

覆膜保温。用竹条做成小拱棚，覆膜保温。

6.1.1.6 保温促齐苗

播种后覆膜保温，促使出苗整齐，但中午要将膜内地表温度控制在35℃以下。同时，要注意秧田排水，避免降水淹没秧床，造成闷种烂芽。

6.1.1.7 及时揭膜炼苗

播种后半个月内，以保温为主，晴天中午应掀开拱棚两头通风降温，避免棚内高温烧苗。三叶一心以后，应及时炼苗，其原则是：晴天上午揭，小雨雨前揭，大雨雨后揭，遇低温寒流日揭夜盖。

6.1.1.8 水分管理

水分管理原则是晴天满沟水，阴天半沟水，雨天排干水，防水漫过秧盘引起串根。

6.1.1.9 秧苗追肥

抛秧前3～4d施“送嫁”肥，每666.7$m^2$秧田施尿素 5～6kg。施肥后及时灌水，溶解肥料，防止烧苗。施“送嫁”肥后只能浇灌，不宜漫灌，否则起盘困难，易损坏秧盘。

6.1.1.10　农药调控

在秧苗二叶一心期喷多效唑，矮化粗壮。同时，根据秧田情况进行病虫害防治，并且抛秧前 2～3d 施好“送嫁”药。

#### 6.1.2　大田准备

油菜收割后，及时利用大马力拖拉机翻埋前茬油菜留茬及碎秸秆，施基肥后旋耕平地，要求田面较平整、表层松软。

### 6.2　抛秧时间

在 5 月 15 日前抛秧，秧龄宜控制在 25d 以内。抛秧时要掌握好泥浆的软硬程度，做到基本无水再抛秧，尽量抛高，以加大植秧深度。水太深不宜抛秧，防止漂秧。先抛秧苗总量的 2/3，再将余下的 1/3 秧苗抛到苗稀的地方。抛秧后按同一方向每隔 2～3m 拣出一条 30 cm 步道，并将秧苗补稀疏密。

### 6.3　田间管理

#### 6.3.1　科学施肥

氮肥按基肥：分蘖肥：穗肥＝5：2：3 分施，基肥施用时间为 4 月中下旬，分蘖肥施用时间为大田插秧后 7～10d，穗肥施用时间为 6 月中下旬。磷、钾肥施用方法为磷肥作基肥一次施入，钾肥按照基肥：穗肥＝7：3分施。再生稻只施氮肥（尿素），每亩施氮（N）10kg，于头季齐穗后20d以计划施氮量的80%作促芽肥，头季收割后3～5d按计划施氮量的20%作促苗肥。

**6.3.2 水分管理**

抛栽后立苗期间按照“无水层扎根、浅水层扶苗”的水浆管理方式管理，抛栽后1～3d保持田面无水状态，第4天灌浅水扶立秧苗，并保持浅水层3～4cm。浅水促蘖，够苗晒田，幼穗分化前期复水，抽穗扬花期保持浅水层，灌浆期保持干湿交替，使土壤呈湿润状态，收割前5～7d断水。

施分蘖肥后田间保持浅水层，待其自然耗干，隔2d再灌水，直至够苗期保持浅水灌溉，水层2～3cm。

够苗时开始晒田，晒田达到叶色明显褪淡、叶片挺起即可。在拔节孕穗时应该及时复水。

复水后，除抽穗扬花期间保有水层外，其他时间均应采取浅水勤灌，收割前5～7d断水。

**6.3.3 草害防治**

抛秧返青后结合分蘖肥施用进行草害防治。抛秧田对乙苄类除草剂很敏感，只能使用丁苄类除草剂，施用后保持田间有水层4～5d。

**6.3.4 病虫害防治**

分蘖盛期至孕穗期注意防治纹枯病、稻瘟病。抽穗灌浆期混合用药保穗，主要防治纹枯病、稻瘟病、稻纵卷叶螟和二化螟，注意防治稻飞虱。

### 6.4 适时收获

黄熟稻谷达到95%时，要及时机收。中稻机收时要控制稻田含水量，通过晒田使土壤含水量下降到60%以下，以人踩不陷脚最好，切不能机碾起浆。做到雨后叶片未干不收获，叶面有露水不收获，以减少机收损失，稻谷扬净晾晒干（含水量<13.5%）储藏。收割的同时将水稻秸秆切碎抛撒还田。

## 7 再生季田间管理

### 7.1 留茬高度

中稻完熟收割，稻茬高度控制在30～35cm为宜。机收时尽量减少对禾蔸的碾压，做到能尽量保留倒二节、倒三节，该节位的芽健壮，容易形成大穗，对产量影响极大。

### 7.2 追肥

头季收割后3～5d，结合复水酌情补施壮苗肥，可起到多发苗、发壮苗、保穗粒、促高产的作用。

### 7.3 水分管理

中稻收获时温度较高，在灌溉条件允许的情况下，收获当天应立即灌溉，防止倒桩枯萎。收获后翌日有条件的应扒开碎稻草，保持倒桩直立生长。田间管水应坚持“苗期浅水、穗期有水、干干湿湿”的灌溉原则，头季收割后

3d 内视田间土壤墒情及时复水促发苗，孕穗期至齐穗期寸水养穗，此后干干湿湿至成熟，保持畦面湿润。

### 7.4 适时收获

黄熟稻谷达到 95%时，要及时机收。中稻机收时要控制稻田含水量，通过晒田使土壤含水量下降到 60%以下，以人踩不陷脚最好，切不能机碾起浆。做到雨后叶片未干不收获，叶面有露水不收获，以减少机收损失，稻谷扬净晾晒干（含水量<13.5%）储藏。收割时留茬高度 20～25cm，同时要将碎稻草抛撒还田，以利于后茬油菜免耕播种。

## 8 田间档案记载

### 8.1 投入品生产质量安全跟踪档案

在使用农药、肥料、除草剂等投入品时，对投入品的种类、名称、来源、使用数量、使用时间等，需做好简明记载。

### 8.2 生产操作档案

详细记载生产过程中的各项农事操作，如播种、开沟、施肥、病虫害防治等。

### 8.3 物候期记载档案

对油菜、水稻生育进程中的各个物候期，如播种期、出苗期、盛花期、抽穗期、成熟期等进行详细记载。

# 薯稻稻周年三熟丰产栽培技术规程

## 1　范围

本标准规定了薯稻稻周年三熟丰产栽培技术，包括薯稻稻定义、周年丰产三熟制、田块选择、品种选择、种植方式选择、茬口衔接时间、播前准备、整地施肥、合理密植、覆盖稻草＋地膜、水稻播种时间、田间管理、收获等。

本标准适用于江西马铃薯—早稻—晚稻三熟制生产区。

## 2　规范性引用文件

GB 1354　大米

GB 18133　马铃薯种薯

GB/T 8321.8　农药合理使用准则（八）

NY/T 847　水稻产地环境技术条件

《农业部对 7 种农药采取进一步禁限用管理措施》（农业部公告第 2032 号）

# 3 术语和定义

下列术语适用于本文件。

## 3.1 薯稻稻

薯稻稻是指冬茬马铃薯、春茬早稻、秋茬二季晚稻，能够在同一田块实现循环生产的周年作物三熟的一种轮作栽培模式，即薯稻稻。

## 3.2 周年丰产三熟制

周年丰产三熟制栽培是指马铃薯—早稻—晚稻周年三季作物获得高产的一种栽培方式。本标准规定周年每 666.7m$^2$ 马铃薯产量不低于 1 200kg，稻谷产量不低于 1 000kg，其中早稻产量不低于 450kg，晚稻产量不低于 550kg。

# 4 薯稻稻周年丰产三熟栽培技术

## 4.1 田块选择

田块选择是指选择土、肥、水、气适宜马铃薯—早稻—晚稻周年丰产的田块。田块土壤肥力水平中等及以上，保水、保肥，地势平整，排灌方便，地下水位较低。产地环境应符合 NY 846 标准和 NY/T 847 标准的要求。

## 4.2 品种选择

品种选择是指选择产量、生育期（熟期）、品质及抗性适宜薯稻稻周年丰产的马铃薯、早稻、晚稻品种。本标准马铃薯品种除宜选择符合《中华人民共和国种子法》规定的丰产、优质、多抗，种子质量应符合 GB 18133 要求外，并且在 4 月 25 日前可收获；水稻品种还应符合 GB 1354 要求，其中早稻品种在 7 月 25 日前成熟。

### 4.2.1 马铃薯品种选择

马铃薯品种选择出苗后生育期为 60～70d 的早熟品种，可选华薯 3 号、中薯 3 号、中薯 5 号、中薯 13 号、费乌瑞它等。

### 4.2.2 早稻品种选择

早稻品种选择早熟高产类型，生育期为 105～110d，每穗粒数 125～140 粒，千粒重 26～28g。

### 4.2.3 晚稻品种选择

晚稻品种选择高产类型，生育期为 115～125d，每穗粒数 140～160 粒，千粒重 24～28g。

## 4.3 种植方式选择

种植方式选择是指选择适宜薯稻稻周年丰产的马铃薯、早稻和晚稻栽培方式。本规程规定冬季马铃薯采用免耕稻草覆盖机开沟栽培方式，早稻、晚稻采用抛秧栽培方式。

## 4.4 茬口衔接时间

科学安排好薯稻稻周年丰产马铃薯、早稻和晚稻三熟制可循环作物之间的衔接期。本标准规定马铃薯在 12 月 15 日至翌年 1 月 15 日播种，4 月底前收获；早稻在 4 月 10 日前播种，5 月 5 日前抛秧入大田，7 月 25 日前收获；晚稻在 7 月 5 日前播种，7 月 25 日左右抛秧入大田，11 月上旬前收获。

# 5 薯稻稻周年丰产三熟栽培技术

## 5.1 播前准备

### 5.1.1 接茬稻田适时排灌

根据二季晚稻成熟进程适时排灌，一般在水稻收割前 10～12d 排水。确保在马铃薯种植时田间排水方便，便于开沟。

### 5.1.2 种薯选择和处理

每 666.7m² 用种薯 150kg 左右，在播种当天或前一天晚上进行切种。一般要求每千克切成 30～35 块，每块重 30g 左右。同时，用黑白灰（鲜石灰 1 份、草木灰 2 份拌匀）沾种，消毒液采用 70％甲基硫菌灵配成 500 倍液，当天使用，灭菌防病。

## 5.2 整地施肥

选用排水性良好、保水保肥的稻田。播种前先用开沟机起垄，按照 1m 左右垄距起垄并开好播种施肥沟。基肥施于施肥沟内，肥料用量为每 666.7m² 腐熟有机肥 250kg、45％三元复合肥（氮、磷、钾含量各 15％）50kg、尿素 10kg、氯化钾 10kg。

## 5.3 科学播种

播种时间可从 12 月中旬至翌年 1 月中旬，最适时间为 12 月下旬。大垄双行垄距 100cm。将种薯倒芽反播，降低青头率，按株距 30cm 放在施肥沟内。

## 5.4 合理密植

每 666.7m² 播 4 000～5 000 穴，沟宽 40cm，畦中间开一条宽 35cm、深 15cm 的施肥施药沟，在施肥沟两边做双行种植，形成畦面上大行距 45cm、株距 35cm，小行距 10cm、株距 35cm 的宽窄行。

## 5.5 覆盖稻草＋地膜

起垄播种覆土 5～8cm 后，垄面再覆盖稻草，头尾相接，做到垄面覆盖均匀，不漏盖。适宜的稻草覆盖量为每 666.7m² 250～500kg，覆盖厚度 8～10cm。覆盖稻草后经过雨水或灌水一次后覆盖黑膜。

## 5.6 田间管理

### 5.6.1 机械开沟

马铃薯播种前，及时用开沟机开好厢沟、围沟、腰沟。大厢厢宽 1m，厢沟、围沟、腰沟沟深 15～20cm，沟宽 30～40cm，做到沟沟相通。

#### 5.6.2 植株调控

一般 1 月开始出苗，出苗后及时破膜引苗出膜。为防止徒长，可于开花时用生长延缓剂喷苗。药剂符合 GB/T 8321.8 标准和农业部公告第 2032 号相关规定。生育期间及时排水，防止积水。

#### 5.6.3 病虫害防治

马铃薯主要病害为早疫病、晚疫病。在 2～3 月发现病情后开始药剂防治，以防为主。病虫害防治药剂符合 GB/T 8321.8 标准和农业部公告第 2032 号相关规定。

#### 5.6.4 草害防治

在苗期，对于以禾本科杂草为主或以阔叶杂草为主或两种草害均较重的田块，分别选用相应除草剂进行防治。

#### 5.6.5 清沟排渍

马铃薯出苗后及时清沟排渍，保持“三沟”（厢沟、围沟、腰沟）畅通，做到明水能排，暗水能滤。

### 5.7 适时收获

从 4 月 25 日左右开始薯块达到商品要求便可收获，以市场需求为导向，价格合适可以适时收获。选择天气晴好、田间没有积水的时候进行收获，人工或者机械开挖收获。收获后，宜将马铃薯适当晾晒，或者风干表面水分，去掉腐烂、破损、青头和带虫口的薯块，然后按照大小进行分级，采用网袋或者纸箱包装上市。

# 6 马铃薯后茬早稻抛秧栽培技术

## 6.1 抛秧前准备

### 6.1.1 培育壮苗

#### 6.1.1.1 秧田选择与平整

选择地势平坦、灌溉方便、运秧便捷、土壤肥沃的稻田，按秧田与大田比1∶12左右留足秧田。秧田在翻耕前15d每666.7m² 施45%三元复合肥（氮、磷、钾各含15%）30kg作基肥，带水翻耕耙平。

#### 6.1.1.2 做畦

播前做畦，畦宽1.4m，沟宽50cm（沟泥育秧），沟深15cm，四周开围沟，深20cm。铲高补低，做到板面沉实有硬度、平整无高低、无残茬杂物。

#### 6.1.1.3 软盘预备

采用353孔塑料软盘育秧，塑料软盘规格为60cm×33cm，每666.7m² 大田准备80个左右。厢面每排平行摆放2个软盘，将盘孔压入泥中，软盘正面与厢面平齐，软盘与软盘之间不留缝隙。用沟中糊泥将盘孔装满，等糊泥沉实后播种。

#### 6.1.1.4 浸种催芽

浸种前选择晴好天气晒种1～2d，清水选种，精选后的种子用25%咪鲜胺2 000～3 000倍药液浸种12h，洗净晾干后再浸种24h，催芽露白即可播种。

6.1.1.5　播种

播种期一般为4月5日左右，具体时间根据前茬马铃薯收获情况和控制秧苗期25d以内来确定播种期。

定量匀播。以苗定种，杂交稻每666.7m$^2$大田用种2kg，常规稻4kg。播种时用木板等挡在秧盘边上，先播2/3种子，再将1/3种子来回补缺，尽量不要漏播。播种后，用竹扫帚将秧盘面上的泥土清除干净，以防串根。

覆膜保温。用竹条做成小拱棚，覆膜保温。

6.1.1.6　保温促齐苗

播种后覆膜保温，促使出苗整齐，但中午要将膜内地表温度控制在35℃以下。同时，要注意秧田排水，避免降水淹没秧床，造成闷种烂芽。

6.1.1.7　及时揭膜炼苗

播种后半个月内，以保温为主，晴天中午应掀开拱棚两头通风降温，避免棚内高温烧苗。三叶一心以后，应及时炼苗，其原则是：晴天上午揭，小雨雨前揭，大雨雨后揭，遇低温寒流日揭夜盖。

6.1.1.8　水分管理

水分管理原则是晴天满沟水，阴天半沟水，雨天排干水，防水漫过秧盘引起串根。

6.1.1.9　秧苗追肥

抛秧前3～4d施“送嫁”肥，每666.7m$^2$秧田施尿素5～6kg。施肥后及时灌水，溶解肥料，防止烧苗。施“送嫁”肥后只能浇灌，不宜漫灌，否则起盘困难，易损坏秧盘。

6.1.1.10　*农药调控*

在秧苗二叶一心期喷多效唑，每 666.7m$^2$ 秧田施 150g 药液均匀喷雾，矮化粗壮。同时，根据秧田情况进行病虫害防治，并且抛秧前 2～3d 施好“送嫁”药。

#### 6.1.2　大田准备

马铃薯收获后，及时利用大马力拖拉机翻埋前茬马铃薯秸秆，施基肥后旋耕平地，要求田面较平整、表层松软。

### 6.2　抛秧时间

在 4 月 30 日前抛秧，秧龄宜控制在 25d 以内。抛秧时要掌握好泥浆的软硬程度，做到基本无水再抛秧，尽量抛高，以加大植秧深度。水太深不宜抛秧，防止漂秧。先抛秧苗总量的 2/3，再将余下的 1/3 秧苗抛到苗稀的地方。抛秧后按同一方向每隔 2～3m 拣出一条 30cm 步道，并将秧苗补稀疏密。

### 6.3　田间管理

#### 6.3.1　科学施肥

每 666.7m$^2$ 施肥总量：氮（N）8kg（即尿素 17.4kg）左右，钾（$K_2O$）8kg（即氯化钾 13.3kg）左右，磷（$P_2O_5$）4.5kg（即钙镁磷肥 37.5kg）左右。氮肥按基肥∶分蘖肥∶穗肥＝5∶2∶3 施用，钾肥按基肥∶分蘖肥∶穗肥＝6∶0∶4 施用，磷肥作基肥一次性施用。

基肥在翻耕整地时足量施用。

分蘖肥遵循一看苗情、二看地力、三要早施、四要适量的原则，在秧苗返青后（抛秧后 7～10d）结合除草剂施用。

晒田复水后（抽穗前 19d 左右），穗肥根据群体大小、叶色、长势、长相等情况综合考虑及时施用。提倡施用适量的微量元素肥料，可在分蘖期与尿素混合后追施。

**6.3.2　水分管理**

抛栽后立苗期间按照“无水层扎根、浅水层扶苗”的水浆管理方式管理，抛栽后 1～3d 保持田面无水状态，第 4d 灌浅水扶立秧苗，并保持浅水层 3～4cm。

施分蘖肥后田间保持浅水层，待其自然耗干，隔 2d 再灌水，直至够苗期保持浅水灌溉，水层 2～3cm。

够苗时开始晒田，晒田达到叶色明显褪淡、叶片挺起即可。在拔节孕穗时应该及时复水。

复水后，除抽穗扬花期间保有水层外，其他时间均应采取浅水勤灌，收割前 7d 左右断水。

**6.3.3　草害防治**

抛秧返青后结合分蘖肥施用进行草害防治。抛秧田对乙苄类除草剂很敏感，只能使用丁苄类除草剂，施用后保持田间有水层 4～5d。

**6.3.4　病虫害防治**

分蘖盛期至孕穗期注意防治纹枯病、稻瘟病。抽穗灌浆期混合用药保穗，主要防治纹枯病、稻瘟病、稻纵卷叶螟和二化螟，注意防治稻飞虱。

### 6.4 适时收获

黄熟稻谷达到 95%时，要及时机收。做到雨后叶片未干不收获，叶面有露水不收获，以减少机收损失，稻谷扬净晾晒干（含水量<13.5%）储藏。收割的同时将水稻秸秆切碎抛撒还田。

## 7 早稻茬后二季晚稻抛秧栽培技术

### 7.1 抛秧前准备

#### 7.1.1 培育壮秧

秧田选择、平整、做畦、软盘预备、浸种催芽要求与早稻相似。

7.1.1.1 播种

播种期一般为 7 月 1 日左右，具体时间根据前茬早稻收获情况和控制秧苗期 25d 以内来确定播种期。

定量匀播。以苗定种，杂交稻每 666.7m$^2$ 大田用种 2kg，常规稻 4kg。播种时用木板等挡在秧盘边上，先播 2/3 种子，再将 1/3 种子来回补缺，尽量不要漏播。播种后，用竹扫帚将秧盘面上的泥土清除干净，以防串根。

7.1.1.2 水分管理

水分管理原则是晴天满沟水，阴天半沟水，雨天排干水，防水漫过秧盘引起串根。

7.1.1.3 秧苗追肥

抛秧前 3～4d 施“送嫁”肥，每 666.7m$^2$ 秧田施尿素 5～6kg。施肥后及时灌水，溶解肥料，防止烧苗。施“送嫁”肥后只能浇灌，不宜漫灌，否则起盘困难，易损坏秧盘。

7.1.1.4 农药调控

在秧苗二叶一心期喷多效唑，每 666.7$m^2$ 秧田施 150g 药液均匀喷雾，矮化粗壮。根据秧田情况进行病虫害防治，并且抛秧前 2～3d 施好“送嫁”药。

**7.1.2 大田准备**

早稻收割后，及时利用大马力拖拉机翻埋前茬早稻秸秆，施基肥后旋耕平地，要求田面较平整、表层松软。

## 7.2 抛秧时间

在 7 月 30 日前抛秧，秧龄宜控制在 25d 以内。抛秧时要掌握好泥浆的软硬程度，做到基本无水再抛秧，尽量抛高，以加大植秧深度。水太深不宜抛秧，防止漂秧。先抛秧苗总量的 2/3，再将余下的 1/3 秧苗抛到苗稀的地方。抛秧后按同一方向每隔 2～3m 拣出一条 30cm 步道，并将秧苗补稀疏密。

## 7.3 田间管理

### 7.3.1 科学施肥

每 666.7$m^2$ 施肥总量：氮（N）10kg（即尿素 21.7kg）左右，钾（$K_2O$）10kg（即氯化钾 16.7kg）左右，磷（$P_2O_5$）4.5kg（即钙镁磷肥 37.5kg）左右。氮肥

按基肥：分蘖肥：穗肥＝5：2：3 施用，钾肥按基肥：分蘖肥：穗肥＝6：0：4 施用，磷肥作基肥一次性施用。

基肥在翻耕整地时足量施用。

分蘖肥遵循一看苗情、二看地力、三要早施、四要适量的原则，在秧苗返青后（抛秧后 7～10d）结合除草剂施用。

晒田复水后（抽穗前 19d 左右），穗肥根据群体大小、叶色、长势长相等情况综合考虑及时施用。提倡施用适量的微量元素肥料，可在分蘖期与尿素混合后追施。

#### 7.3.2 水分管理

抛栽后立苗期间按照“无水层扎根、浅水层扶苗”的水浆管理方式管理，抛栽后 1～3d 保持田面无水状态，第 4 天灌浅水扶立秧苗，并保持浅水层 3～4cm。

施分蘖肥后田间保持浅水层，待其自然耗干，隔 2d 再灌水，直至够苗期保持浅水灌溉，水层 2～3cm。

够苗时开始晒田，晒田达到叶色明显褪淡、叶片挺起即可。在拔节孕穗时应该及时复水。

复水后，除抽穗扬花期间保有水层外，其他时间均应采取浅水勤灌，一般在水稻收割前 10～12d 排水。

#### 7.3.3 草害防治

抛秧返青后结合分蘖肥施用进行草害防治。抛秧田对乙苄类除草剂很敏感，只能使用丁苄类除草剂，施用后保持田间有水层 4～5d。

#### 7.3.4 病虫害防治

分蘖盛期至孕穗期注意防治纹枯病、二化螟和稻纵卷叶螟，破口期至齐穗期防治二化螟、稻纵卷叶螟、稻飞虱和稻曲病，齐穗后重点防治稻纵卷叶螟和稻飞虱。

### 7.4 适时收获

黄熟稻谷达到95%时，要及时机收。做到雨后叶片未干不收获，叶面有露水不收获，以减少机收损失，稻谷扬净晾晒干（含水量<13.5%）储藏。收割时留茬高度25～35cm，同时将水稻秸秆切碎还田，以利于后茬马铃薯生长。

## 8 田间档案记载

### 8.1 投入品生产质量安全跟踪档案

在使用农药、肥料、除草剂等投入品时，对投入品的种类、名称、来源、使用数量、使用时间等，需做好简明记载。

### 8.2 生产操作档案

详细记载生产过程中的各项农事操作，如播种、开沟、施肥、病虫害防治等。

### 8.3 物候期记载档案

对马铃薯、水稻生育进程中的各个物候期，如播种期、出苗期、盛花期、抽穗期、成熟期等进行详细记载。

# 江西稻田油菜免耕直播机械开沟轻简化栽培技术

## 一、技术要点

针对江西双季稻田油菜栽培现状，在多年试验研究与示范生产实践的基础上，总结提出了适宜本区域的油菜免耕直播机械开沟轻简化栽培技术。油菜免耕直播机械开沟轻简化栽培技术是指简化生产环节，减轻劳动强度，降低用工成本和通过综合利用，提高生产效率的一种油菜栽培方式。应用该项技术比常规栽培技术模式每 666.7$m^2$ 节本 150～200 元，主要包括：播种前准备、播种、简化施肥、综合防除杂草、查苗补缺、病虫害防治、三沟配套排灌。

### 1 播种前准备

（1）选田。油菜是直根系作物，根系发育与土壤湿度有密切关系。土壤湿度大，地下水位高，易造成缺氧条件，影响油菜植株生理代谢，主根伸长较慢，甚至停止生长。稻田由于前期浸水时间较长，土壤透水通气性差。因此，进行油菜免耕直播时必须选择地势较高、地下水位较低的稻田。

（2）晒田。稻田容易发生渍害，因此对前茬稻田应进行适度晒田，时间大约在水稻收割前7d。

（3）控制稻茬高度。收割时应将稻茬矮化，稻茬控制在10cm以下，播种前清杂灭茬。

## 2 播种

（1）播种期。水稻收获后即可播种，一般在9月20日至10月25日前。水稻收获后，要趁稻田湿润播种，有利于油菜籽发芽和快速出苗。

（2）品种选择。直播油菜不能很好地剔除弱小苗，应选择纯度高、主花序与角果数多的品种，品种抗裂荚、抗倒伏、抗寒、抗菌核病强，成熟度一致，利于机收。根据2017年江西主推品种，选择产量高、生育期长的品种，如丰油730、沣油737、阳光2009、华油杂62、浙油50、赣油杂9号等。

（3）播种量。直播油菜每666.7$m^2$播种量9月以200～250g为宜，10月以250～350g为宜。播种密度确保每666.7$m^2$不低于2.0万～2.5万株，即每平方米30～37株。

（4）播种方式。采用机械开沟抛土覆盖，稻田灭茬后直接将基肥均匀撒在厢面上，再撒上混合的干细土、硼肥和种子后进行开沟分厢。土壤湿度在70%左右为最佳开沟期，保证抛土细碎均匀，有利于出苗。如果土壤湿度过大，土层黏重，不能均匀覆土盖种，不利于出苗；湿度过小，泥土过干，不利于操作。畦面宽1.2～1.5m，如果畦面过宽，覆土厚度不够，而且中间低容易积水，不利于后期管理；畦面过窄，则覆土过厚，也不利于出苗。沟宽 25cm，沟深 20cm，将土均匀覆盖在种子和肥料上，覆土厚度1～2cm。同时，要人工开好腰沟、围沟，做到沟沟相通，方便排灌，有利于油菜生长。开沟机械与方法如下：

①以 11～13kW 手扶拖拉机为动力，与 1KL－18 型开沟起垄机相配套，同步完成开沟、抛土等工序。该机能保证沟宽 25cm，沟深 20cm，抛土幅宽 2.5m 以上。1 台机械每天开沟 $2hm^2$ 左右。

②以轮式拖拉机为动力，与大型开沟机如战牛 1SK－35B 型相配套，沟宽 30～35cm，沟底宽 18cm，1 台机械每天开沟 $3hm^2$ 左右。土壤翻耕后开沟撒播，畦面宽 130～150cm。

## 3 简化施肥

分基肥、腊肥 2 次施用，且以有机肥和磷、钾肥为主，同时注意施用硼肥。基肥一般每 $666.7m^2$ 施 45%复合肥 40kg、磷肥 25kg、硼肥 400g；腊肥在 5～7 叶期施用，每 $666.7m^2$ 撒施尿素 10kg；抽薹初期每 $666.7m^2$ 用硼砂 50g 兑水 50kg 在晴天进行叶面喷施。

## 4 综合防除杂草

防除杂草的方法有：一是清沟，以土压草；二是早施苗肥，促幼苗生长，以苗压草；三是采取化学除草技术（一般选用电动喷雾机）。一般进行两次化学除草：第 1 次是播种开沟盖土后立即进行，每 $666.7m^2$ 用乙草胺 80～

100mL 兑水 20～30kg，在土壤表层均匀喷雾；第 2 次是油菜 3～5 叶期每 666.7m² 用防除阔叶作物除草剂防治杂草，防治效益好。

## 5 查苗补缺

直播油菜在 3～5 叶期查苗补缺，发现缺垄少苗或出苗稀疏的地方，按照“移密取大”的原则，从出苗稠密的地方，选取相对较大的植株移苗补缺。移苗的时候注意墒情，若土壤干燥需灌定根水确保移苗成活，确保油菜在苗期每 666.7m² 不低于 2 万株。

## 6 病虫害防治

在油菜苗期和抽薹开花期，注意防治蚜虫、菜青虫。在油菜初花期和盛花期，各喷 1 次药剂预防菌核病发生。防治病虫害施用药剂应符合 GB/T 8321.8 标准和农业部公告第 2032 号相关规定。

## 7 三沟配套排灌

油菜冬春季节主要是要防渍排涝，开春后雨水多，应及时清沟沥水，保证“三沟”（厢沟、围沟、腰沟）畅通，雨停田干。

# 二、注意事项

（1）免耕机械化开厢沟时，首先要确定好厢面宽度，开厢宽度不能大于 2m，最适为 1.2～1.5m。太宽不便于起沟土掩盖肥料，同时也不利于抗旱灌水；太窄造成覆土厚度过大，不利于安全出苗。

（2）开沟机的动力引导轮最好选择窄型轮，以减少对厢面的压实面积，降低土壤板结。

（3）由于实行土壤免耕，草害较重，所以要重点抓好田间化学除草。

（4）重视越冬前追肥管理，以防后期早衰。

# 江西三熟制油菜全程机械化绿色高效轻简化种植技术

## 一、技术要点

针对江西油稻稻三熟制油菜机械化水平低、用工成本高等问题，江西省红壤研究所与中国农业科学院油料作物研究所合作，在引进 2BFDN-9 油菜联合机耕机播机肥机药（芽前封闭除草剂）机沟一体机的基础上，经在江西三熟制地区试验研究和生产示范验证，总结提出了适宜本区域的双季稻田油菜全程机械化绿色高效轻简化种植技术，即油菜品种选择、油菜种子包衣技术、油菜新型化学干燥技术、油菜机耕机播机肥机药机沟一体化技术、油菜机收技术。

### 1 油菜品种选择

极早熟油菜新品种“阳光 131”：早熟性好，生育期 180d 左右；产量高，国家区域试验和生产试验连续 3 年第 1 名；抗倒性、抗病性强，适合油稻稻三熟制全程机械化生产。

### 2 油菜种子包衣技术

研制新型种子包衣剂 STA-1，苗期防虫，增强作物抗逆性。

### 3 油菜新型化学干燥技术

引进国际推广应用的化学催枯剂，减少油菜联合机收损失率。

### 4 油菜机耕机播机肥机药机沟一体化技术

在二季晚稻机械收获水稻秸秆切碎还田的基础上，引进 2BFDN－9 油菜机耕机播机肥机药机沟联合一体机，选取墒情好的稻田进行机械作业，同时达到耕翻耙碎、种肥同条直播、覆土喷药、机沟成型一体化的效果。

### 5 油菜机收技术

采用机械联合收获，结合化学催熟技术，减少用工和机械损失，缩短收获时间。

## 二、适宜地区

该技术适宜江西赣中南双季稻区。

## 三、注意事项

（1）由于是机械化开沟，油菜机耕机播机肥机药机沟后，还要人工清沟，做到沟沟相通。机械未到的田块要及时人工清沟，注意排水排灌。

（2）三熟制机械化种植油菜密度较常规种植密度大，要特别注意对草害和菌核病的防治。

（3）机械直播油菜在 3～5 叶期查苗补缺，确保三熟制机械直播油菜密度每 666.7$m^2$ 达到 3.0 万～3.5 万株，有利于油菜减少分枝，成熟更趋一致，便于机械收获。

# 江西双季稻田马铃薯免耕稻草覆盖轻简化栽培技术

## 一、技术要点

针对江西双季稻地区冬闲时间长，光温资源丰富，马铃薯种植及收获时间灵活，薯稻稻是较合适的一种三熟制种植模式。马铃薯营养全面，可粮菜兼用，在世界各地普遍种植。由于江西冬作马铃薯收获后的4～5月正值全国市场空当期，经济效益显著，马铃薯已成为冬季增加农民收入的优势作物。根据江西省红壤研究所最近几年种植试验，总结出了江西双季稻田马铃薯免耕稻草覆盖轻简化栽培技术经验。稻田马铃薯免耕稻草覆盖栽培技术省工节本、丰产高效，主要包括品种选择和种薯处理、整地施肥、科学播种、合理密植、覆盖稻草＋地膜、田间管理、病虫害管理、适时收获。

### 1 品种选择和种薯处理

选用最适合江西冬种的马铃薯品种——费乌瑞它、兴佳2号等。每666.7m$^2$用种薯150kg左右，在播种当天或前一天晚上进行切种。一般要求每千克切成30～35块，每块重 30g 左右。同时，用黑白灰（鲜石灰 1 份、草木灰 2 份拌匀）沾种，消毒液采用 70%甲基硫菌灵配成 500 倍液，当天使用，灭菌防病。

## 2 整地施肥

选用排水性良好、保水保肥的稻田。播种前先用开沟机起垄，按照 1m 左右垄距起垄并开好播种施肥沟。基肥施于施肥沟内，肥料用量为每 666.7m$^2$ 腐熟有机肥 250kg、45%三元复合肥（氮、磷、钾含量各 15%）50kg、尿素 10kg、氯化钾 10kg。

## 3 科学播种

播种时间可从 12 月中旬至翌年 1 月中旬，最适时间为 12 月下旬。大垄双行垄距 100cm。将种薯倒芽反播，降低青头率，按株距放在施肥沟内。

## 4 合理密植

每 666.7m$^2$ 播 4 000～5 000 穴，沟宽 40cm，畦中间开一条宽 35cm、深 15cm 的施肥施药沟，在施肥沟两边做双行种植，形成畦面上大行距 35cm、株距 25cm，小行距 10cm、株距 35cm 的宽窄行。

## 5 覆盖稻草＋地膜

起垄播种覆土 5～8cm 后，垄面再覆盖稻草，头尾相接，做到垄面覆盖均匀，不漏盖。适宜的稻草覆盖量为每 666.7m$^2$ 250～500kg，覆盖 8～10cm，生长期间再培土 6～8cm。覆盖稻草后经过雨水或灌水一次后覆盖黑膜。

### 6 田间管理

一般 1 月开始出苗，出苗后及时破膜引苗出膜。为防止徒长，可于开花时每 666.7m$^2$ 用 15％多效唑＋硫酸镁 1kg 兑水 30kg 喷苗。生育期间及时排水，防止积水。

### 7 病虫害管理

马铃薯主要病害为早疫病、晚疫病。在 2～3 月发现病情后开始药剂防治，以防为主。病虫害防治药剂应符合 GB/T 8321.8 标准和农业部公告第 2032 号相关规定。

### 8 适时收获

从 4 月 25 日左右开始薯块达到商品要求便可收获，以市场需求为导向，价格合适可以适时收获。收获时要选择天气晴好、田间没有积水的时候进行收获，人工或者机械开挖收获。收获后，宜将马铃薯适当晾晒，或者风干表面水分，去掉腐烂、破损、青头和带虫口的薯块，然后按照大小进行分级，采用网袋或者纸箱包装上市。

## 二、适宜地区

该技术适宜江西赣中南双季稻区。

## 三、注意事项

（1）切好的薯块要当天及时播完，种不完的要摊在地面上，不能堆积。

（2）切种时要切成立体形，不能切成薄片，每块种薯有明显的芽眼1～2个。

（3）马铃薯需水量大，但不能渍水。出苗前保持湿润，3月雨水偏多，注意进行清沟排水。

# 江西双季稻田蔬肥兼用油菜轻简化生产技术

## 一、技术要点

油菜作为绿肥种植是近年来迅速兴起的一项提升耕地质量的技术措施，具有增加养分供应、提高土壤有机质、改善土壤理化性状等改土效应，以及改善农田环境等生态效应。甘蓝型“双低”油菜菜薹粗壮、脆嫩、多汁、色泽鲜绿、回味香甜，富含维生素和微量元素，既可鲜食，又可脱水制作干菜或速冻出口。在最近几年试验研究的基础上，总结提出了适宜本区域应用的稻田蔬菜绿肥兼用油菜轻简化生产技术，主要包括：油菜品种选用、早播早栽早管促早发、合理密植、科学施肥、适市适时摘薹、病虫害防治、绿肥翻压。

### 1 油菜品种选用

选用冬性较弱，抗病虫，生育期中熟偏早，苗薹期营养生长旺，易早发，摘薹后再生能力和恢复能力强，菜薹食用无苦涩味、营养价值高的油菜品种，如希望 122、中油杂 12、赣油杂 9 号及阳光 131 等“双低”油菜品种。

## 2 早播早栽早管促早发

蔬肥兼用的油菜播种期，要求油菜早发、早薹、壮薹，争取菜薹在春节前上市。水稻收获后即可播种，一般在9月20日至10月25日前。水稻收获后，要趁稻田湿润免耕播种，有利于油菜籽发芽和快速出苗。10月25日后可育苗移栽。

## 3 合理密植

根据土壤肥力条件合理密植，肥力较高的田块每666.7m$^2$直播密度2.0万～3.0万株，移栽密度0.6万～0.7万株；肥力较低的田块每666.7m$^2$直播密度2.5万～3.5万株，移栽密度0.7万～0.8万株。

## 4 科学施肥

分基肥、腊肥2次施用，以施有机肥为好，有利于提高菜薹品质和口感，同时注意增施氮肥。基肥一般每666.7m$^2$施45％复合肥40kg、磷肥25kg、硼肥400g；腊肥在5～7叶期施用，每666.7m$^2$撒施尿素10kg；增施薹肥，在摘薹前5～7d，每666.7m$^2$施尿素5～10kg，促油菜采薹后分枝，早生快发，促进营养体生长，形成新的菜薹或作为绿肥。

## 5 适市适时摘薹

蔬肥兼用油菜的生产以菜薹收获为主，可连续多批次采薹，一般可每 666.7$m^2$ 收菜薹 800～1 200kg。当菜薹抽出 20～25cm，摘薹 10～15cm，基部留足 10cm 以上以便分枝。早抽薹的早摘，迟抽薹的迟摘，切忌大小薹一起摘。摘薹用刀片，不建议用手摘，以免扩大摘薹口。菜薹采摘时间一般从翌年 1 月开始，根据菜薹市场价格情况，一直到 3 月上旬均可采摘菜薹供应市场。

### 6 病虫害防治

在油菜苗期和抽薹开花期，注意防治蚜虫、菜青虫。摘薹后的油菜较易感染菌核病，应加强病虫害监测，并及时防治。为保证防病效果，用药时必须保证从花到基部茎秆处处喷到，在保证药液喷洒植株各部位的前提下，重点喷洒植株中下部茎叶。防治病虫害施用的药剂应符合 GB/T 8321.8 标准和农业部公告第 2032 号相关规定。

### 7 绿肥翻压

在多批次油菜薹采摘完毕后，于 3 月下旬至 4 月中旬，以不耽误早稻种植为基准，及时翻压油菜作绿肥。翻压油菜作绿肥的时候，田间不灌水或灌浅水条件下进行翻耕，翻耕后保持田面浅水以利于绿肥沤腐，确保早稻生产。

## 二、适宜地区

该技术适宜江西双季稻地区。

## 三、注意事项

（1）由于实行土壤免耕，草害较重，要注意抓好田间化学除草。“双低”油菜菜叶品质、口感好，易遭虫害，菜薹采摘有伤口易感染病，要注意防治病虫害。因为菜薹直接作菜食用，病虫草害防治的化学药剂要选用高效低毒无残留的药剂。

（2）油菜不能渍水，注意清沟，确保排水。

# 江西红壤旱地油菜—花生高产高效栽培技术规程

## 1 范围

本标准规定了红壤旱地油菜—花生高产高效栽培技术，包括地块选择、品种选择、播前准备、播种、施肥、田间管理、病虫草害防治、适时收获。

本标准适用于江西红壤旱地油菜—花生两熟制油料主产区。

## 2 规范性引用文件

GB 4285 农药安全使用标准

NY 414 低芥酸低硫苷油菜种子

NY/T 496 肥料合理使用准则 通则

NY/T 846 油菜产地环境条件

DB14/T 578 无公害花生生产技术规程

《农业部对7种农药采取进一步禁限用管理措施》（农业部公告第2032号）

# 3 术语和定义

下列术语适用于本文件。

## 3.1 油菜—花生

油菜—花生两熟制指在同一地块一年内冬季种植油菜，翌年接茬花生的轮作栽培方式。

## 3.2 高产高效栽培

高产高效栽培是指所栽培的两茬油料作物能够获得高产量、高效益的一种栽培方式。本标准规定，每666.7$m^2$ 油菜籽产量为180kg左右，花生产量300kg左右。

## 3.3 “双低”油菜品种

“双低”油菜品种指种子芥酸含量低于1%、硫苷含量低于30$\mu$mol/g的油菜品种。

# 4 地块选择

种植地块选择应符合NY/T 846标准和DB14/T 578标准的要求。

# 5 品种选择

油菜选用生育期为210d以内，品质优、抗逆性好、“双低”的高产品种，品质要求符合NY 414标准。花生选用抗病、抗旱的品种，符合DB14/T 578标准的要求。

# 6 播前准备

## 6.1 种子准备

油菜每666.7$m^2$适宜播种量为300～400g，花生每666.7$m^2$适宜播种量为10～15kg，播种前暴晒种子1～2d。花生于播种前2～5d剥壳，剥壳后选择籽粒饱满、种皮色泽新鲜，无病虫、无破损的籽仁做种。

## 6.2 肥料准备

油菜每666.7$m^2$施氮（N）10～12kg、磷（$P_2O_5$）4～5kg、钾（$K_2O$）6～7kg、硼肥1～2kg。花生每666.7$m^2$施氮（N）7～9kg、磷（$P_2O_5$）6～7kg、钾（$K_2O$）9～11kg。其中，油菜和花生均为1次基肥、1次追肥，基肥量为60%氮肥、60%钾肥和100%磷肥，追肥分别于油菜越冬期（1月1日前后）、花生初花期追施余下的40%氮肥、40%钾肥。播种前备足基肥。

# 7 播种

## 7.1 整地

用旋耕机旋耕，深度15～20cm，前茬作物留茬较高应旋耕2～3次，做到地表平整、无残枝。开好十字沟、围沟及地外排水沟，沟深20cm左右。

## 7.2 基肥

油菜按每666.7m$^2$ 45%复合肥（氮、磷、钾各含15%）35～40kg、尿素4～6kg、硼砂0.6～1.2kg混合后，均匀撒施。油菜收获后每666.7m$^2$施石灰50～75kg。花生按每666.7m$^2$ 45%复合肥（氮、磷、钾各含15%）28～36kg、尿素2～4kg混合后，均匀撒施。

## 7.3 播种时间和播种方式

油菜、花生看墒情播种，播后下雨利于出苗。油菜播种时间为9月25日至10月10日，均匀撒播或按行距33～35cm条播，每666.7m$^2$密度2.5万～3.0万株。花生播种时间为5月20日至5月30日，按行株距33cm×15cm开沟穴播，每穴播种2粒左右。

# 8 田间管理

## 8.1 芽前封草

播种完 1d 内，每 666.7$m^2$ 用 50%乙草胺 100～150mL 兑水 30～40kg 或者 72%异丙甲草胺乳油 100～200mL 兑水 35～40kg，均匀喷于畦面。

## 8.2 查苗补缺

在油菜 3～5 叶期，查苗补缺；花生出苗后 7～10d，采用催芽补种的方式补苗。

## 8.3 追肥

油菜于越冬期（1 月 1 日前后），每 666.7$m^2$ 追施尿素 6～7kg 和氯化钾 2～3kg。花生开花前，每 666.7$m^2$ 追施尿素 3～4kg 和氯化钾 4～6kg。

# 9 病虫草害防治

防治病虫草害施用的药剂应符合 GB 4285 标准和农业部公告第 2032 号相关规定。

## 9.1 草害防治

油菜 3～5 叶期，对于以禾本科杂草为主或以阔叶杂草为主或两种草害均较重的田块，分别选用相应除草剂进行防治。花生草害防治于杂草 2～3 叶期均匀施药进行防治。

### 9.2 虫害防治

地老虎、蛴螬等发生较重的油菜、花生地块，使用相应药剂均匀施于土壤。油菜苗期和抽薹开花期，注意防治蚜虫、菜青虫、猿叶虫等。花生苗期和开花下针期，注意防治卷叶虫、斜纹夜蛾、红黄蜘蛛、蚜虫等。

### 9.3 病害防治

油菜初花期选用药剂预防菌核病，遇持续性阴雨天气可在盛花期再喷 1 次加强防效。花生整个生育期注意防治叶斑病、花生锈病、茎腐病、根腐病等。

## 10 适时收获

油菜全田 2/3 角果呈黄色、种皮呈黑褐色时，进行分段机收或人工收获，如果采用联合机收应视天气情况推迟 7～10d。花生植株下部叶片呈枯黄或者掉叶，地下结成荚果 70％的果壳坚硬，剥后种皮为粉红色即可收获。

# 赣芝 7 号优质高产栽培技术规程

## 1 范围

本标准规定了黑芝麻新品种赣芝 7 号优质高产栽培技术，包括田块选择、播前准备、播种、田间管理、施肥、病虫害防治、收获。

本标准适用于赣芝 7 号在江西丘陵红壤地区及生态条件相近地区作春芝麻、夏芝麻和秋芝麻栽培，其他类似品种可参照执行。

## 2 规范性引用文件

GB 4285　农药安全使用标准

GB 4407.2　经济作物种子　第 2 部分：油料类

GB/T 8321　农药合理使用准则

NY/T 5010　无公害农产品　种植业产地环境条件

NY/T 496　肥料合理使用准则　通则

《农业部对 7 种农药采取进一步禁限用管理措施》（农业部公告第 2032 号）

# 3 术语和定义

下列术语适用于本文件。

## 3.1 赣芝7号

赣芝7号是江西省红壤研究所应用系统选育方法选育的一个黑芝麻新品种，具有品质优、产量高、抗逆性强、适用性广等特点。

## 3.2 优质芝麻

优质芝麻籽粒蛋白质含量＞22.0%，粗脂肪含量51.0%。

## 3.3 高产指标

在江西丘陵红壤地区，每666.7$m^2$春芝麻籽粒产量应大于85kg，夏芝麻籽粒产量大于75kg，秋芝麻籽粒产量大于60kg。

# 4 田块选择

## 4.1 选地

选择2km内没有污染源、生态条件良好的红壤农业生产区域，环境质量应符合NY/T 5010的规定。

### 4.2 整地

耕耙灭茬，平整畦面，清理三沟，要求耕层土壤细碎、疏松，无杂草，畦面平整。

### 4.3 种子处理

#### 4.3.1 精选种子

清除杂质，去除瘪粒，播种前晒种 1～2d。

#### 4.3.2 药剂拌种

播种前按芝麻种子：50％多菌灵 ＝50：1 的比例，将 50％多菌灵加少量水拌湿拌匀，拌种 1～2 h 后直接播种。

## 5 播种

### 5.1 播种时间

春播：当地表 5cm 土层地温稳定在 17℃以上时即可播种，最佳播种日期为 4 月下旬；夏播：最佳播种日期为 6 月中旬；秋播：最佳播种日期为 6 月 25 日至 7 月 5 日。

### 5.2 播种方式

采用条播，行距 40cm，播深 1～2cm，墒情差时适当深播，播深 3～4cm。做到播种均匀，播后立即盖土或人工踩压。

### 5.3 播种量

每666.7m²播种量0.4～0.5 kg。

## 6 田间管理

### 6.1 间苗和定苗

长出2对真叶时进行间苗，株距3～4cm；长出4对真叶时定苗，株距10～15cm，去弱留壮。种植密度应根据土壤肥力等因素适当调整，一般每666.7m²春芝麻定苗1.2万株左右，夏芝麻定苗1.4万株左右，秋芝麻定苗1.6万株左右。

### 6.2 草害防控

### 6.3 苗前土壤封闭

播后3d内，每666.7m²用芽前除草剂96%异丙甲草胺60mL或50%乙草胺120mL，兑水45kg，均匀喷雾地表。

### 6.4 中耕除草

定苗前后浅中耕，疏松土壤，消灭杂草，使苗早发稳长。做到早中耕，勤中耕。当芝麻幼苗长出2～3对真叶时结合间苗进行第1次中耕；进入初花期结合追肥进行第2次中耕，中耕深度6cm，并结合培土。生长中期遇少量较轻的青枯病时要及时拔除病株带到田外处理，花蕾期有草必除。

# 7 施肥

按 NY/T 496 标准执行。

## 7.1 施肥量

根据赣芝 7 号的需肥特性、丘陵红壤的一般肥力状况以及高产栽培施肥试验结果，为了获得较高的籽粒产量，每 666.7$m^2$ 宜施氮（N）9kg、磷（$P_2O_5$）3kg、钾（$K_2O$）12kg。

## 7.2 施肥方法

重施基肥，适时追肥。磷肥作基肥一次性施用，氮肥按基肥：苗肥：荚肥＝5：2：3 施用，钾肥按基肥：荚肥＝7：3 施用。如果施用的是缓控释肥，则全部作基肥一次施用。腐熟的有机肥撒施后耕耙整地作基肥，苗期对弱小苗每 666.7$m^2$ 施偏心肥 2～3kg 尿素，在现蕾至初花期间每 666.7$m^2$ 追施尿素和氯化钾各 5kg。

## 7.3 增施中微量元素肥

中微量元素肥与氮磷钾肥配合施用有明显的增产增收作用。每 666.7$m^2$ 增施石灰 15kg 作基肥。在初花或盛花期，叶面喷施 0.3％～0.4％磷酸二氢钾和 1％硼砂混合液

1～2次，每次间隔5～7 d，每666.7$m^2$喷药液25kg，在晴天下午喷施。

# 8 病虫害防治

## 8.1 病虫害

芝麻的病害主要有茎点枯病、枯萎病、立枯病、青枯病、疫病等，引起虫害的害虫主要有芝麻螟蛾、地老虎、蚜虫、红蜘蛛等。

## 8.2 防治原则

依照“预防为主、综合防治”的植保方针，遵守“农业防治、物理防治为主，生物防治、化学防治为辅”的防治原则。

## 8.3 防治方法

农药的使用应按GB 4285、GB 8321（所有部分）标准的规定执行。防治方法参考表1。

**表1 芝麻病虫害防治方法**

| 名称 | 防治时期 | 防治技术 |
| --- | --- | --- |
| 茎点枯病、枯萎病、立枯病、青枯病 | 病害未发生之前或发病初期 | 播种期用50%多菌灵可湿性粉剂5g拌种500g；出苗后现蕾前用70%甲基硫菌灵或抗枯灵500倍液喷雾；盛花期每666.7$m^2$用40%多菌灵胶悬剂130g兑水喷雾，每隔7d喷1次，连喷2次 |

（续）

| 名称 | 防治时期 | 防治技术 |
| --- | --- | --- |
| 疫病 | 未发病或发病初期 | 发病初期及时喷洒 58%甲霜·锰锌可湿性粉剂 600 倍液或 75%百菌清可湿性粉剂 600 倍液、50%琥铜·甲霜灵可湿性粉剂 500 倍液、64%恶霜·锰锌可湿性粉剂 400 倍液、72%霜脲·锰锌可湿性粉剂 800～900 倍液，对上述杀菌剂产生抗药性的地区，可改用 69%代森锰锌可湿性粉剂 1 000 倍液 |
| 地老虎 | 幼虫 3 龄前 | 采用 2.5%溴氰菊酯乳油或 50%辛硫磷乳油 1 000 倍液喷雾，每 666.7$m^2$ 喷药液 45kg |
| 蚜虫 | 10%植株有蚜；苗期 100 株蚜量 150 头左右，成株 100 株蚜量 500 头以上时 | 每 666.7$m^2$ 用 20%氰戊菊酯乳油 3 000～4 000 倍液喷施 |
| 芝麻螟蛾 | 芝麻盛荚期 | 幼虫盛发期，用 90%敌百虫 800～1 000 倍液，每 666.7$m^2$ 喷药液 45kg |
| 红蜘蛛 | 有点片发生时 | 苗期在红蜘蛛发生期用 1.8%阿维菌素乳油 6 000 倍液，或 73%炔螨特乳油 2 000 倍液喷雾防治 |

# 9 收获

## 9.1 收获时间

终花后20d左右，当植株中下部叶片脱落、上部叶片呈青黄色，上部蒴果种子较黑而饱满、中部蒴果种子呈固有乌黑色泽时，应及时收获。

## 9.2 收割脱粒方法

为减少落粒损失，宜上午收割，收割时捆扎成束，束径13～17cm为宜。运回晒场后，每6～10束架成伞形棚，在太阳光下晾晒，通风干燥。当绝大多数蒴果裂开时用棍脱粒，并视脱粒情况再相互支架，待第2、3次脱粒，做到颗粒归仓，丰产丰收。

# 赣薯 2 号高产栽培技术规程

## 1 范围

本标准规定了甘薯新品种赣薯 2 号高产栽培技术，包括田块选择、种薯选择与处理、播种育苗、移栽、大田管理、收获、种薯储藏和田间档案记载。

本标准适用于江西全省甘薯新品种赣薯 2 号的栽培。

## 2 规范性引用文件

GB 4285 农药安全使用标准

GB 4406 种薯

GB/T 8321 农药合理使用准则

NY/T 5010 无公害农产品 种植业产地环境条件

NY/T 496 肥料合理使用准则 通则

《农业部对 7 种农药采取进一步禁限用管理措施》（农业部公告第 2032 号）

# 3 术语和定义

下列术语适用于本文件。

## 3.1 赣薯 2 号

赣薯 2 号是由江西省红壤研究所选育的食用（水果）型甘薯新品种，丰产稳产、抗逆性强、口感脆爽，江西全省甘薯产区均可种植。

## 3.2 高产

每 666.7$m^2$ 鲜薯产量达 2 000～3 000kg。

# 4 田块选择

## 4.1 产地环境

产地环境要求符合 NY/T 5010 标准。

## 4.2 田块要求

田块要求排灌方便、土壤耕作层深厚疏松，土壤肥沃适度、保水保肥力强、渗透性好，土壤偏酸性。

# 5 种薯选择与处理

## 5.1 种薯选择

种薯质量应符合 GB 4406 标准的要求。选用薯皮鲜亮光滑无伤、无病虫鼠害、未受冻害和湿害、大小比较均匀的薯块，种薯薯块重以 100～250g 较为适宜。

## 5.2 种薯处理

将选好的种薯放在 50％甲基硫菌灵可湿性粉剂或 50％多菌灵可湿性粉剂 500 倍液中浸泡 10～15min。配药用 25℃左右的温水。

# 6 播种育苗

## 6.1 苗床选择

选择背风向阳、地势高、排灌方便、土壤肥沃和管理方便，2 年内未种植过甘薯的田块。

## 6.2 苗床准备

苗床大小可根据地形及需要而定，一般宽 1.0～1.2m，深 15～20cm，苗床底铺一层有机肥后灌水覆土。

## 6.3 育苗

早熟栽培一般宜采用“大棚＋小拱棚＋地膜”三层保

温育苗，常规栽培可采用“小拱棚＋地膜”两层保温育苗。种植密度为薯块间隔3cm左右，种薯斜排、平排均可，排好之后覆土，厚度2～3cm为宜。

### 6.4 苗床管理

出苗前保持30～35℃的苗床温度及80％的相对湿度。当60％薯块出芽后揭掉地膜。当晴天气温20℃以上时，打开拱棚膜和大棚膜使两端通风，防止高温烧苗，保持苗床温度为25～30℃。加强光照，小水勤灌，保持土壤湿润，通风透光。薯苗长至20～25cm，且出现6～8片完整叶片时，可以剪苗栽种大田。移苗定植前3～4d炼苗。

## 7 移栽

### 7.1 深耕整地

整地宜在晴天进行，深耕25cm左右，土要打碎、打细、整平、起垄。起垄分小垄单行和大垄双行两种模式，小垄单行垄距80～100cm，大垄双行垄距120～150cm，垄高均为25～30cm。

### 7.2 施基肥

施肥按照NY/T 496标准要求，采用平衡施肥技术，以有机肥为主，根据土壤养分状况适当配施化肥。结合整地，每666.7m$^2$底施腐熟农家有机肥2 000～3 000kg或商品有机肥 200～300 kg、钙镁磷肥 20～25kg、硫酸钾 15～20kg。食用（水果）型甘薯不宜施用含氯元素的化肥。

## 7.3 封闭除草

起垄后栽植前 2～3d 使用除草剂封闭除草。农药使用严格按照 GB 4285 标准、GB/T 8321 标准和农业部公告第 2032 号相关规定执行。

## 7.4 栽植

### 7.4.1 起苗准备

起苗前 2～3d 喷广谱灭菌剂及杀虫剂 1 次。农药使用严格按照 GB 4285 标准、GB/T 8321 标准和农业部公告第 2032 号相关规定执行。

### 7.4.2 种苗割取

割取种薯苗时，选取长 20cm 以上、生长健壮的薯蔓，在离床 3～5cm 处剪苗，剪口要平，每段长 15～20cm，茎蔓上有 4～5 个节。

### 7.4.3 种苗栽插

春植 3 月下旬至 5 月上旬，夏植 5 月下旬至 6 月，秋植 7 月至 8 月上旬。将薯苗 3～4 个节位水平栽插或斜插入土，露出土表 1～2 个节位，斜插角度与垄行向角度呈 45°左右，覆土压实后灌定根水。栽插行距 50～60cm，株距 28～33cm。春、夏季栽插稀植，秋季栽插密植。

# 8 大田管理

## 8.1 查苗补苗

栽插后3～4d查苗补苗，补苗选用壮苗在下午或傍晚进行，补苗后及时灌定根水。

## 8.2 水分管理

多雨季节要注意清沟排水。干旱时灌“跑马水”，即灌即排。薯块膨大期需水量大，可适当增加灌溉次数。甘薯收获前20～25d要停止灌溉。

## 8.3 中耕、追肥、培土

在甘薯封垄前结合追肥、培土进行两次中耕除草。结合第1次中耕每666.7$m^2$施尿素3～4kg，结合第2次中耕施45%三元复合肥（氮、磷、钾各含15%）10～12kg，施肥后培土壅蔸。

## 8.4 控蔓徒长

食用（水果）型甘薯赣薯2号生长期内不翻秧，春、夏植薯容易出现营养生长过旺，影响结薯。为防止薯秧徒长，可采用提蔓措施切断不定根或采用化控措施抑制徒长，化控措施要严格按照GB 4285标准、GB/T 8321标准和农业部公告第2032号相关规定执行。

## 8.5 病虫害防治

### 8.5.1 防治原则

依照“预防为主，综合防治”的植保方针，遵守“农业防治、物理防治、生物防治为主，化学防治为辅”的防治原则。

### 8.5.2 病虫害

江西甘薯的病害主要有薯瘟病、茎线虫病、根腐病；地下害虫主要有蛴螬、金针虫；地上害虫主要有蚜虫、斜纹夜蛾、甘薯麦蛾。

### 8.5.3 农业防治

加强检疫、精选种薯种苗、实行水旱轮作等，可有效避开病害。

### 8.5.4 物理防治

采用黄板、性诱剂及杀虫灯诱杀蚜虫、斜纹夜蛾、甘薯麦蛾等害虫。

### 8.5.5 生物防治

保护利用天敌，使用生物农药。

### 8.5.6 化学防治

农药使用要严格按照 GB 4285 标准、GB/T 8321 标准和农业部公告第 2032 号相关规定执行，采收前 15d 停止用药。

# 9 收获

赣薯 2 号常规栽种在栽插后 90d 左右收获较为理想，

商品性好，最早在7月下旬，最迟应在霜降之前收完。需要注意的是不能在雨天收获甘薯，以免薯块上带较多泥土，影响商品外观品质。收获时应选择晴天上午，薯块经过田间晾晒，要轻挖、轻装、轻运、轻卸。

# 10 种薯储藏

储藏前用生石灰水喷洒储藏室墙面进行消毒，剔除破损、感染病虫害的薯块。最适储藏温度为10～15℃，相对湿度85％～90％。同时，注意防止低温冻伤和减少水分蒸发，保持通风散热，防止有毒、有害物质污染和因挤压造成的伤害。

# 11 田间档案记载

## 11.1 投入品生产质量安全跟踪档案

在使用农药、肥料、除草剂等投入品时，对投入品的种类、名称、来源、使用数量、使用时间等，需做好简明记载。

## 11.2 生产操作档案

详细记载生产过程中的各项农事操作，如播种育苗、移栽、施肥、病虫草害防治等。

# 江西红壤旱地冬油菜—鲜食秋玉米周年水肥一体化高效技术

## 一、技术要点

通过应用水肥一体化技术，综合运用两种三收（菜薹、菜籽和鲜食玉米）和作物丰产高效种植技术，并在明确周年模式的经济、生态效益及其适应性的基础上，提出冬油菜（油蔬两用）—鲜食秋玉米周年两种三收高效种植模式，周年纯收益每 666.7$m^2$ 达 3 261.1 元，模式实效提高了红壤旱地水肥利用率，保证作物稳产高产，增加旱地农业的经济、生态效益，宜在红壤旱地大面积推广应用。

## 二、设施建设

水肥一体化简易设备包括蓄水池、管道加压泵、输水主管道以及滴灌施肥系统。

## 三、茬口安排

秋玉米于 7 月中下旬播种、10 月上中旬收获；油菜于10月中下旬育苗移栽，翌年1月下旬至2月上旬收菜薹，5月中下旬收获油菜籽。

## 四、油菜生产技术要点

### 1 品种选择

油蔬两用油菜选用生育期为210d以上，籽粒产量潜力大、品质优且菜薹品质好、口感好的品种，如希望122、大地199、中油杂12、中油杂19等。

### 2 育苗移栽

在油菜季接茬鲜食秋玉米免耕移栽，油菜育苗移栽时间以10月10～25日为宜，油菜移栽的行株距为（25～35）cm×（25～35）cm，油菜育苗时间根据油菜移栽时间确定在9月中下旬。

### 3 田间管理

油菜水肥一体化技术每666.7$m^2$氮肥施用尿素28～30kg，磷肥施用磷酸二氢钾10～11kg，钾肥在施用磷酸二氢钾的基础上，再补施氯化钾2 kg。水肥一体化种植每次施加肥料时，用于溶解肥料的水量为每666.7$m^2$ 4.5～5.5t。

油蔬两用油菜采取简化施肥，为1次基肥加2次追肥。基肥结合油菜移栽灌定根水时水肥一体化每666.7$m^2$施用尿素11.2～12.0kg、磷酸二氢钾10～11kg；2次追肥分别在油菜越冬期（12 月底前）和采收菜薹后，越冬期水肥一体化每 666.7m² 追施尿素 11.2～12.0kg、氯化钾 2kg，采收菜薹后及时水肥一体化，每 666.7m² 追施尿素 5.6～6.0kg。

油蔬两用油菜水分管理：在充分清沟排水的同时，除结合施肥节点滴灌水肥外，必须按作物需要视天气情况进行滴灌，确保水分需求和高效利用。

### 4 适时收获

油菜终花后 30～35d，当全株 2/3 角果呈黄绿色、主轴基部角果呈黄色、种皮呈黑褐色时，为适宜收割期。机械收获可以推迟 3～5d。抢晴天摊晒 7～10d 后，既可进行人工脱粒，也可进行机械脱粒。脱粒时用塑料布铺地，避免籽粒落地，提高净度。收获后籽粒也需在塑料布上摊晒，待籽粒水分控制在 9%以下，即手抓菜籽不成团，扬净后可装袋储藏。

## 五、玉米生产技术要点

### 1 品种选择

鲜食糯玉米选用生育期为 75～85d 的品种，如沪玉糯 3 号、沪玉糯 2 号、桂糯 518、桂糯 519 等。

### 2 耕地播种

鲜食秋玉米因接茬油蔬兼用冬油菜时间宽松，采用土壤深松技术，深松深度≥25cm，以 25～40cm 最佳。鲜食秋玉米播种日期为 7 月 15～25 日，穴直播种植行株距为（55～65）cm×（25～35）cm。

## 3 田间管理

鲜食秋玉米水肥一体化技术每 666.7m$^2$ 氮肥施用尿素 30～35kg，磷肥施用磷酸二氢钾 10～13kg，钾肥在施用磷酸二氢钾的基础上，再补充施用氯化钾 10kg。水肥一体化种植每次施加肥料时，用于溶解肥料的水量为每 666.7m$^2$ 4.5～5.5t。

鲜食秋玉米采取简化施肥，为 1 次基肥加 2 次追肥。基肥结合玉米移栽灌定根水时水肥一体化每 666.7m$^2$ 施用尿素 12～14kg、磷酸二氢钾 10～13kg；2 次追肥分别在苗期和大喇叭口期，苗期水肥一体化每 666.7m$^2$ 追施尿素 9.0～10.5kg、氯化钾 16.0kg，大喇叭口期水肥一体化每 666.7m$^2$ 追施尿素 9.0～10.5kg、氯化钾 16.0kg。

鲜食秋玉米水分管理：在充分清沟排水的同时，除结合施肥节点滴灌水肥外，必须按作物需要视天气情况进行滴灌，确保水分需求和高效利用。

## 4 玉米收获

鲜食秋玉米在乳熟期收获。一般来说，糯玉米以授粉后 25～28d，果穗苞叶变松、花丝开始干枯变褐黑色时，及时带苞叶采收上市，以保证玉米的品质。鲜食秋玉米采摘时间较短，建议分批次种植，以便根据市场情况，及时采摘上市。

# 六、经济效益

## 1 油菜＋秋玉米水肥一体化模式收益

每 666.7m² 油菜种子 16 元、农药 25 元、化肥 145 元、耕地 60 元、人工 400 元，玉米种子 40 元、农药 25 元、化肥 223 元、耕地 60 元、人工 420 元，总成本 1 414.0 元；菜籽收入 1 034.6 元、玉米穗收入 2 156.1 元、玉米秸秆收入 61.4 元，总收入 3 252.1 元；纯收入 1 838.1 元。

## 2 油菜＋菜薹＋秋玉米水肥一体化模式收益

每 666.7m² 油菜种子 16 元、农药 25 元、化肥 145 元、耕地 60 元、人工 500 元，玉米种子 40 元、农药 25 元、化肥 223 元、耕地 60 元、人工 420 元，总成本 1 514.0 元；菜籽收入 969.1 元、菜薹收入 1 588.6 元、玉米穗收入 2 156.1元、玉米秸秆收入 61.4 元，总收入 4 775.2 元；纯收入 3 261.2 元。

冬油菜—鲜食秋玉米周年经济效益具体情况见表 2。

**表 2 “冬油菜（油蔬两用）—鲜食秋玉米”周年经济效益**

单位：元

| 作物 | 种植 | 方式 | 每 666.7m² 投入 | | | | | 每 666.7m² 收入 | | |
|---|---|---|---|---|---|---|---|---|---|---|
| | | | 种子 | 农药 | 化肥 | 耕地 | 人工 | 玉米穗/菜籽 | 秸秆/菜薹 | 纯收益 |
| 油菜 | 常规种植 | 不摘薹 | 16 | 25 | 145 | 60 | 600 | 954.6 | 0 | 108.6 |

（续）

| 作物 | 种植 | 方式 | 每 666.7m² 投入 | | | | | 每 666.7m² 收入 | | |
|---|---|---|---|---|---|---|---|---|---|---|
| | | | 种子 | 农药 | 化肥 | 耕地 | 人工 | 玉米穗/菜籽 | 秸秆/菜薹 | 纯收益 |
| 油菜 | 常规种植 | 摘薹 | 16 | 25 | 145 | 60 | 700 | 880.5 | 1 427.9 | 1 362.4 |
| | 水肥种植 | 不摘薹 | 16 | 25 | 145 | 60 | 400 | 1 034.6 | 0 | 388.6 |
| | | 摘薹 | 16 | 25 | 145 | 60 | 500 | 969.1 | 1 588.6 | 1 811.7 |
| 玉米 | 常规种植 | | 40 | 25 | 202 | 60 | 700 | 1 814.4 | 52.3 | 839.4 |
| | 水肥种植 | | 40 | 25 | 223 | 60 | 420 | 2 156.1 | 61.4 | 1 449.4 |
| 合计 | 水肥种植 | 不摘薹 | | | | | | | | 1 838.1 |
| | | 摘薹 | | | | | | | | 3 261.2 |

注：每千克秋玉米鲜果穗 4.0 元、鲜秸秆 0.2 元，钙镁磷肥 1.0 元、尿素 2.4 元、氯化钾 3.7 元、磷酸二氢钾 10.0 元，菜薹 4.0 元、菜籽 4.8 元。

# 江西红壤旱地油菜—芝麻两茬油高产高效种植模式

## 一、技术要点

在冬季选取生育期长（≥210d）、产量高（每666.7m$^2$产量≥200kg）、品质优、抗逆性好等性状的油菜品种，夏季选用抗病性强（抗枯萎病、茎点枯病）、产量高（每666.7m$^2$产量≥80kg）、生育期较长等特性的黑芝麻品种，在红壤旱地构建“油菜—芝麻”两茬油种植模式，周年纯收益每666.7m$^2$达1 070元。

该模式能够实现周年循环两茬油种植，实现增加红壤旱地油料产量和经济效益，从而提高农民种植积极性，响应国家供给侧结构性改革，保障食用油安全。

### 1 选地

选用排水条件较好的红壤旱地，以确保油菜和黑芝麻两茬油生产。

### 2 选种

油菜选用生育期为210d以上，品质优、抗逆性好的品种，如希望122、中油杂12、赣油杂9号及阳光2009等。芝麻选用抗病性强（抗枯萎病、茎点枯病）、产量高（每666.7m$^2$产量≥80kg）的品种，如金黄麻、赣芝7号、中芝9号等。

## 3 播种

看旱地墒情播种，播种后下雨利于出苗。油菜播种时间为9月25日至10月10日，撒播或条播行距为33～35cm，确保苗每666.7m$^2$ 3万株以上，以利成熟机收油菜。黑芝麻播种时间为5月25日至6月10日，撒播采取双层播种或条播行距（33～35cm）一致，做到浅开沟播种，播种深度为2cm左右，浅盖籽，以不露籽为度，达到出苗快、出苗全，一播全苗，确保每666.7m$^2$1.2万株以上。

## 4 施肥

每666.7m$^2$油菜施肥量：氮（N）10～12kg、磷（$P_2O_5$）4～5kg、钾（$K_2O$）6～7kg、硼肥1～2kg。每666.7m$^2$芝麻施肥量：氮（N）9～10kg、磷（$P_2O_5$）3～4kg、钾（$K_2O$）11～12kg。油菜和芝麻均采取简化施肥，均为1次基肥加1次追肥，基肥是氮、钾肥的60%+磷肥的100%，追肥分别于油菜越冬期（1月1日前后）、黑芝麻初花期追施余下的氮、钾肥（40%）。

## 5 水分管理

确保开好十字沟和围沟，防止油菜和芝麻受渍而患病。要及时清沟排水。

### 6 防治病虫草害

油菜病害主要是菌核病，芝麻病害主要是枯萎病和茎点枯病。播种后要及时喷施封闭除草剂，油菜和芝麻生长期间田间要及时除草。

## 二、适宜区域及注意事项

本模式适宜推广区域为江西红壤旱作区，所实施地块排水好，避免在前茬芝麻病害严重地块连年种植。在推广中，应注意以下问题：①确保黑芝麻种不带病害，要求进行株选芝麻留种；②油菜需要硼肥作基肥，要基施硼砂每 666.7m$^2$ 1kg 以上。

## 三、综合效益

### 1 经济效益

投入包括种子、农药、化肥等物资投入以及耕地和人工投入等。产出指油菜籽和芝麻籽按照当时市场售价所得收入。油菜茬菜籽产量为每 666.7m$^2$ 213kg，纯收益每 666.7m$^2$ 达 432 元；芝麻产量每 666.7m$^2$ 为 89kg，纯收益每 666.7m$^2$ 达 638 元。周年纯收益每 666.7m$^2$ 达 1 070 元，效益显著（表 3）。

**表 3　油菜—芝麻两茬油经济效益分析**

单位：元

| 作物 | 每 666.7m² 投入 | | | | | 每 666.7m² 收入 | 每 666.7m² 纯收益 |
|---|---|---|---|---|---|---|---|
| | 种子 | 农药 | 化肥 | 耕地 | 人工 | | |
| 油菜 | 16 | 25 | 145 | 60 | 600 | 1 278 | 432 |
| 芝麻 | 16 | 25 | 85 | 60 | 600 | 1 424 | 638 |
| 合计 | 32 | 50 | 230 | 120 | 1 200 | 2 630 | 1 070 |

注：每千克芝麻籽 16 元、油菜籽 6 元。

## 2　生态效益

油菜总生育期 216d，干物质累积生产效率每 666.7m² 为 818kg；芝麻总生育期 92d，干物质累积生产效率每 666.7m² 为 691kg。由表 4 可以看出，芝麻对资源的利用率较高，且明显高于油菜。

**表 4　油菜—芝麻两茬油资源利用率评价**

| 作物 | 光能生产效率（MJ/m²） | 温度生产效率［kg/（hm²・℃）］ | 降水生产效率［kg/（hm²・mm）］ | 资源利用率评价系数 |
|---|---|---|---|---|
| 油菜 | 0.8 | 3.9 | 1.2 | 6.1 |
| 芝麻 | 1.3 | 7.0 | 2.6 | 10.9 |

# 附件　本书依托项目

国家油菜产业技术体系（CARS-12）

农业部公益性行业科研专项：江西稻田用养型三熟制构建与同步培肥技术研究与示范（201503123-07）

江西省油菜产业技术体系栽培岗位（JXARS-08）

江西省花生芝麻产业技术体系赣东综合试验推广站（JXARS-18）

江西省科技计划重大项目：江西双季稻田谷林套播油菜丰产技术研究（20143ACF60009）

江西省现代农业科研协同创新专项：江西省红壤旱地高效种植模式研究（JXXTCX2015003-005）

江西省重点研发计划项目：江西粳稻-再生稻-油菜高效种植模式及碳氮比调控技术研究（20151BBF60084）

江西省重点研发计划项目：三熟制油菜秸秆还田技术优化研究（20161BBF60111）

江西省重点研发计划项目：江西稻稻油三熟制构建及培肥节肥技术研究（20171BBF60032）

江西省重点研发计划项目：江西红壤旱地早熟大豆新品种选育与引种筛选及配套栽培技术研究（20171BBF60035）

江西省重点研发计划项目：江西稻田绿色高效三熟制

模式构建及同步培肥技术研究与示范（20181ACF60015）

江西省重点研发计划项目：江西早熟油菜全程机械化绿色高效关键技术研究与集成示范（20181BBF60004）

江西省科技合作领域重点项目：江西三熟制油菜品种选育与引种筛选及配套栽培技术研究（20161BBH80069）

江西省科技成果转移转化计划重点项目：水果型甘薯新品种“赣薯2号”示范推广（20161BBI90039）

江西省科技青年应用培育计划项目：丘陵红壤食用型甘薯绿色高效栽培技术研究（20181BBF68006）

江西省科技特派团富民强县工程（2014—2018年）